配网系统变电运维岗位工作指南

国网上海市电力公司市北供电公司　组编

U0287033

中国电力出版社
CHINA ELECTRIC POWER PRESS

内 容 提 要

本书围绕配网系统变电运维岗位工作,介绍了电力系统基础知识、变电运维管理及台账、变电设备的运行、倒闸操作、变电设备异常及事故处理、变电设备验收、变电工作票等内容。

本书可供变电运维岗位生产技术人员及管理人员使用。

图书在版编目(CIP)数据

配网系统变电运维岗位工作指南 / 国网上海市电力公司市北供电公司组编. —北京:中国电力出版社,2019.7

ISBN 978-7-5198-3383-1

Ⅰ. ①配… Ⅱ. ①国… Ⅲ. ①变电所-电力系统运行-岗位培训-教材 Ⅳ. ①TM63-62

中国版本图书馆 CIP 数据核字(2019)第 141866 号

出版发行:中国电力出版社

地   址:北京市东城区北京站西街 19 号(邮政编码 100005)

网   址:http://www.cepp.sgcc.com.cn

责任编辑:吴 冰(010-63412356)

责任校对:黄 蓓 朱丽芳

装帧设计:赵丽媛

责任印制:石 雷

印   刷:三河市万龙印装有限公司

版   次:2019 年 7 月第一版

印   次:2019 年 7 月北京第一次印刷

开   本:787 毫米×1092 毫米 16 开本

印   张:10.5

字   数:218 千字

印   数:0001—2000 册

定   价:45.00 元

《配网系统变电运维岗位工作指南》
编 委 会

编委会主任　史济康　陈　军

编委会副主任　毛　俊　王卫公　吴峥嵘　俞　康　张　立

本书编写组

主　编　王乃盾　石江华

副主编　黄　怡　姚　明　池海涛　陈　怡　王轶华　施　灵
　　　　张　捷　韩浩江　许　敏

编写组成员

国网上海市电力公司市北供电公司

燕　劼	许　刚	周　鸣	胡海涛	吴　昊	苏　君	沈志祺
周　琰	沈贤杰	夏　澍	杨　剑	徐鑫悦	王思麒	陶亦农
董　帅	周　毅	徐金鑫	蔡　昊	张国海	李冰若	史　媛
童克彦	林　辉	杨　杰	龚　政	戴莉萍	唐海峰	卞　欣
钱　颖	王颖韬	周　瑜	李顺道	徐　隽	张学飞	毛　伟
钱　立	徐良骏	陈蓉蓉	陆文彬	唐海波	施玲君	徐英成
陈　盛	周　璿	金为夷	竺磊德	黄晓敏	浦盛斌	徐杰丞
吴　静						

目录 / CONTENTS

电力生产和电力系统

1.1 发电厂和电力系统

电是发电厂的产品，和其他产品不同，它不易储存，发、供、用必须随时保持平衡。电力生产的主要环节有以下几方面。

1.1.1 发电厂

发电厂是把其他形式的能量转变成电能的工厂。根据发电厂利用的能源不同，可以分为以下几类。

1. 火力发电厂

火力发电厂利用煤、石油、天然气等燃料来发电，简称火电厂。火电厂目前仍以煤为主要燃料。为了提高效率，现代的火电厂都把煤块粉碎成煤粉后燃烧。燃料燃烧，将锅炉内的水烧成高温、高压的蒸汽（化学能转变成热能），蒸汽推功汽轮机（热能转变成机械能），使其带动与其联轴的发电机旋转，发出电能（机械能转变成电能）。

若进入汽轮机的蒸汽做功后流入凝汽器凝结成水，则这种火电厂称为凝汽式火电厂。若从汽轮机中抽出部分蒸汽，或者把汽轮机中做过功的全部蒸汽向发电厂附近的工厂和居民供应蒸汽和热水，就称为热电厂。

2. 水力发电厂

水力发电厂简称水电厂或水电站。一般是在河流中拦河筑坝，提高上游的水位，形成水库，使上下游形成尽可能大的落差，然后，从水库引水，利用水的位能冲动水轮机（势能转换成机械能），并使其带动与其同轴的发电机机旋转，来产生电能（将机械能转变成电能）。建在坝后面的水电站，叫做坝后式水电站。另一种提高水位的方法，是在具有一定落差坡度的弯曲河段上游筑一低坝，拦住河水，然后利用沟渠或隧道，将水直接引至建设在弯曲河段末端的水电站，这种水电站叫做引水式水电站。还有一种水电站是上述两种方式的综合，即由拦河坝和引水渠（或隧道）分别提高一部分水位，这种水电站叫做混合式水电站。

3．核电厂

核发电厂的生产过程与凝汽式火力发电厂相仿，所不同的只是以核反应堆代替了锅炉。原子核在裂变过程中会产生大量的热能（原子能转换成热能），把水加热成蒸汽，蒸汽冲动汽轮机使其带动发电机旋转发电。

此外，还有潮汐发电厂、地热发电厂、风力发电厂、太阳能发电厂等。

1.1.2 变电站

发电机的电压一般为 6.3、10.5、13.8、15.75、18kV 等，而用户的电压一般为 380/220V。所以，发电机一般都不直接向用户供电，需用变压器把发电机电压降低后才能供给用户。另外，为了把电能送到较远的用电地区，通常将发电厂发出的电能经升压变压器把电压升高（例如升高到 110、220、500kV 等），然后通过输电线路送到用电地区，再经变电站的变压器把电压逐渐降低后分配使用。所以，变电站的主要任务是变换电压，其次还有集中和分配电能、控制电能的流向和调整电压的任务。

1.1.3 输电线路

输电线路的作用是输送电能，并把发电厂、变电站和用户连接起来构成电力系统。

输电线路一般是指 35kV 及以上的电力线路，35kV 以下向用电单位或城乡供电的线路，称为配电线路。

输电线路可以是架空裸导线，也可以是电缆，根据具体情况选择使用。输电线路有阻抗，因此电流通过时要引起电能损耗。输送相同的功率，若采用高压输电，电流就可以减小，输电线上的电能损耗也就减少，故远距离输送强大的电功率时用高压输送。因此，根据不同输送功率和输送距离，宜采用不同等级的电压输电。

根据经济技术比较及多年来的运行经验，总结出各级额定电压与输送功率及输送距离的关系，如表 1.1 所示。

表 1.1　　　　与额定电压等级相适应的输送功率和输送距离

额定电压（kV）	输送功率（kW）	输送距离（km）
3	100～1000	1～3
6	100～1200	4～15
10	200～2000	6～20
35	2000～10 000	20～50
110	10 000～50 000	50～150
220	100 000～50 0000	200～300

1.2 电力系统额定电压及电能质量

1.2.1 额定电压

我国规定的交流电力网和电力设备的额定电压如表 1.2 所示。电力线路的正常工作电压应与所接电力设备的额定电压相等。

表 1.2 交流电力网和电力设备的额定电压

电力网和用电设备的额定电压（V）	交流发电机额定电压（V）	电力变压器额定电压（V）	
		一次绕组	二次绕组
220	230	220	230
380	400	380	400
3000	3150	3000 及 3150	3150 及 3300
6000	6300	6000 及 6300	6300 及 6600
10 000	10 500	10 000 及 10 500	10 500 及 1 1000
	15 750	15 750	—
35 000	—	35 000	38 500
60 000	—	60 000	66 000
110 000	—	100 00	120 000
220 000	—	220 000	242 000
330 000	—	330 000	363 000
500 000	—	500 000	550 000
750 000	—	750 000	825 000
1 000 000	—	1 000 000	1 100 000

但是，从设备制造和运行管理的角度考虑，为保证设备生产的系列性和运行的安全可靠性，不应任意确定线路电压，甚至系统中规定的标准电压等级过多也不利于电力工业的发展。考虑到我国现有的实际情况和进一步的发展，我国国家标准规定的标准化等级（又称额定电压），参见表 1.3。

表 1.3 我国规定的标准电压等级 （kV）

电压等级分类		应用中的电压等级
交流	特高压（UHV）	1000kV
	超高压（EHV）	750kV、500kV、（330kV）
	高压（HV）	220kV、110kV
直流	特高压（UHVDC）	±1100kV、±800kV
	高压（HVDC）	±660kV、±500kV、±400kV、±320kV、±200kV

电压等级分类	应用中的电压等级
高压（HV）	110kV、（66kV）
中压（MV）	35kV、10kV、（6kV）
低压（LV）	380V/220V

我国电力系统的输电电压等级，除西北电网为 750/330/220/110kV 系列外，其他都采用 1000/500/220/110kV 系列。高压 500kV 系统主要用于大电量长距离输送和跨省联络线，并正在逐步形成跨省互联的骨干网络；高压 220kV 主要形成大输电网的主干网架；110kV 既用于中、小系统的主干线，也用于大电力系统的二次网络；城市配电网目前主要采用 10kV 电压，但随着城市电力需求的增长，配电网的电压升高，形成 110kV 配电网。这种划分不是绝对的，要根据具体情况，经过论证分析后决定。

从表 1.2 可以看出：

（1）用电设备的额定电压必须与线路的额定电压相等。一般工厂低压配电电压，通常为 380/220V。

（2）发电机的额定电压高于线路额定电压 5%。

（3）电力变压器一次绕组的额定电压，有的高于线路额定电压 5%，有的则与线路额定电压相同。升压变压器因直接与发电机相连，这时它的一次绕组额定电压应与发电机额定电压相同，即高于同级线路额定电压 5%。当变压器不与发电机相连而是连接在线路上时，可把它看成是线路的用电设备。因此，其一次绕组额定电压应与线路额定电压相同。

（4）电力变压器二次绕组的额定电压，有的高于线路额定电压 10%，有的仅高于线路额定电压 5%。这是因为变压器二次绕组的额定电压是指空载时的电压（一次绕组在额定电压下），而变压器在满载时，它的绕组内有大约 5%的阻抗电压。因此，如果变压器二次侧的供电线路比较长（如 35kV 以上的高压电网），则变压器二次绕组的额定电压就要比线路额定电压高 10%。其中，一方面要考虑补偿变压器内部 5%的阻抗压降，另一方面要考虑补偿线路上 5%的压降。降压变压器二次侧如果供电线路不太长（如为低压电网或直接供电给用电设备），则变压器二次绕组的额定电压只需高于线路额定电压 5%，仅考虑补偿变压器内部压降。

1.2.2 电力系统供电质量标准

由于电能和其他能量之间转换方便，宜于大量生产、集中管理、远距离输送，电能在国民经济各部门和人民生活中用得越来越广泛，人们对电的需求和依赖程度越来越高，因此，电能质量将直接影响到国民经济各部门和人们的生活。

电力系统向用户供电的质量好坏，一般可以由以下三个指标表示：

（1）电力连续不断供应的程度。电力连续不断地供应是电力用户的一个最基本的要求。供电的突然中断将使生产停顿，生活混乱，甚至危及设备及人身安全。它给国民经济带来的损失大于电力系统本身的损失。因此，在电力系统运行中应采取必要的措施，保证持续供电。

（2）电压维持在规定值的程度。

（3）频率维持在规定值的程度。

具体规定上述指标时，应适当协调用户受益和电力设备投资及电费负担之间的关系，规定一个可以接受的范围。衡量供电质量的三项指标必须保持在这一规定范围之内。

电压、频率和波形是衡量电力系统电能质量的三个重要参数。

1.2.2.1　频率标准

大多数国家电力系统的额定频率是 50Hz，频率的允许偏差规定为±（0.1～0.5）Hz。我国电力系统额定频率是 50Hz，规定的容许偏差是：电网容量在 3×kW 及以上者为±0.2Hz，电网容量在 $3×10^6$kW 以下者，为±0.5Hz。

要求系统频率的偏差值较小，就需随时保持发电厂有功功率和用户有功负荷的平衡。要满足这个条件，电力系统应具有一定的备用容量。

1.2.2.2　电压质量

1.2.2.2.1　电力网的电压变动幅度标准

（1）35kV 及以上供电和对电压质量有特殊要求的用户为额定电压的±5%。

（2）10kV 及以下高压供电和低压电力用户为额定电压的±7%。

（3）低压照明用户为额定电压的 −10%～+5%。

电压变动幅度指实际电压偏移额定值的大小，一般用相对值表示为

$$U(\%)=\frac{\Delta U}{U_N}×100=\frac{U_2-U_N}{U_N}×100 \tag{1-1}$$

式中：ΔU 为实际电压偏移额定电压的数值，kV；U_N 为额定电压，kV；U_2 为实际工作电压，kV。

1.2.2.2.2　电压偏离原因

电压偏离额定值的原因，是因为当负荷电流通过线路、变压器时将产生电压损失，所以使线路的受端电压较送端电压低一定电的数值（如 10%）。一般情况下，离电源越近，负荷越小的用户，电压降越小；反之，电压降越大。同一用户的电压，由于用电方式不同，也将随时间不断地变化。因此，有的用户电压合格，有的用户电压不合格；同一用户的电压也有时合格，有时不合格。就用户有功和无功负荷对电压的影响来看，无功负荷在电网中形成的电流流经各级送电设备时，会产生较大的电压降，因而电网中需要就地供给无功功率的电源（补偿电容器或调相机）和带负荷调压的设备。

1.2.2.2.3　提高电压质量的措施

（1）为了保持电力系统无功功率和无功负荷平衡，以维持系统的正常电压并减少线损，应装设必要数量的无功补偿设备，即电容器和调相机。

（2）提高用户的功率因数。高压供电的工业用户应保持其功率因数在 0.9 以上，其

他用户应保持在 0.85 以上，并尽量减少无功消耗，发挥用户无功补偿设备的潜力。必要时，由用户装设适当数量的补偿电容器。

（3）采用带负荷调压变压器。根据系统的具体条件，在大容量及重要的变电站中，要采用带负荷调压的变压器。

（4）装设必要数量的电抗器。

（5）装设静止无功补偿器。

1.2.2.3 波形质量

电力系统的电压应是正弦波形。随着冶金、化工、电气化铁路、电车等换流设备及其他非线性用电设备的增加，致使大量的谐波电流注入电网，造成电压正弦波形畸变，使电能质量下降，给发、供电设备及用户的用电设备（例如自动化系统的计算机、通信精密测量等）带来严重的危害。为保证电能质量，保证电网和用户用电设备的安全经济运行，必须对各种非线性用电设备注入电网的谐波电流加以限制。

电力系统谐波管理规定，电网中任何一点的电压正弦波形畸变率均不得超过表 1.4 的规定。

表 1.4 电网谐波电压极限值

用户供电电压 （kV）	电压总波形畸变率 （%）	各次谐波电压含有率 （%）	
		奇次	偶次
0～38	5	4	2
6 或 10	4	3.2	1.6
35 或 63	3	2.4	1.2
110（220）	2	1.6	0.8

1.2.3 电压等级的规律与原则

电网运行中，需要满足技术要求和安全、可靠、稳定运行的前提下获得最大的经济效益，即使电网运行的综合费用最小。其主要取决于电网的等值负荷密度、供电半径、电网结构、变压器容量、低压侧开关遮断容量、变电站点和线路走廊资源等。

电压等级合理配置的原则和标准为：有利于降低电网整体投资；有利于降低损耗；有利于节约站址和通道资源；有利于提升供电能力和和供电可靠性；有利于运行维护；有利于供电适应性，以适应不同负荷情况的需求。纵观国内外电网电压等级，电压等级序列配置主要存在"几何均值"规律和"舍二求三"原则。

电网运行的综合费用在仅考虑电压（U）有关联时，可粗略地表示为：

$$F = A + BU + C/U \qquad (1-2)$$

式中 A，B，C 是分别与电网参数有关的系数，主要取决于电网的等值负荷密度、供电半径及电网结构等。即一部分费用与电压无关，如部分维护费、管理费等；一部分与电压成反比，如投资、折旧费、运行维护费等；一部分与电压成反比，如线路损耗、变压器损耗等。

可求得综合费用 F 最小时的经济电压 U_j，即：

$$F' = B - C / U_j^2 \qquad (1-3)$$

令 $F' = 0$，得到经济电压：

$$U_j = \sqrt{C/B} \qquad (1-4)$$

对于一个区域网络，由综合费用最小确定的经济电压并不一定正好符合现行电压标准，一般在两个标准电压之间。因此，标准电压 U_i 和 U_{i+1} 之间必然存在一个经济带。在某一相同负荷密度、供电半径和网络结构下，两个相邻的标准电压可以等经济的，因而：

$$BU_i + \frac{C}{U_i} = BU_{i+1} + \frac{C}{U_{i+1}} \qquad (1-5)$$

整理可得：

$$\sqrt{U_i U_{i+1}} = \sqrt{C/B} = U_j \qquad (1-6)$$

可见经济电压与标准电压是"几何均值"的关系。最佳电压等级序列中的各电压等级间应互为"几何均值"，这样电压等级中每个电压才都是经济电压。

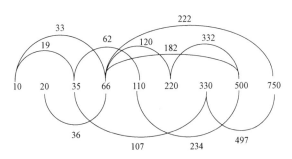

图 1.1　我国电压等级序列"几何均值"

其中弧线中间数字为弧线两段数字的几何均值。例如 $\sqrt{110 \times 750} = 287 \approx 330$。从国外电压等级分析，同样遵循这一客观规律，如美国、英国等。

为了满足输、变、配电及发电和用电的需要，系统必然由多种不同电压等级的输变电设备组成。具有下列关系：

$$\eta = \frac{\Delta P}{P} = \frac{3I^2 R}{\sqrt{3}UI\cos\psi} = \frac{3(\xi S)^2 \rho l/S}{\sqrt{3}U\xi S\cos\psi} = \frac{\sqrt{3}\xi\rho l}{U\cos\psi} \qquad (1-7)$$

可推得：

$$l = \frac{U\cos\psi}{\sqrt{3}\xi\rho}\eta \qquad (1-8)$$

$$\rho = \frac{\eta S U^2 \cos^2 \psi}{\rho l} \qquad\qquad (1-9)$$

式中：η ——线路的有功损失率；

　　　ξ ——线路中电流密度，A/mm²；

　　　S ——导线截面积，mm²；

　　　l ——导线长度，mm；

　　　P ——线路的传输功率，kW；

　　　ΔP ——线路的有功损耗，kW。

可见在保持相同有功损失率和功率因数条件下，线路的合理输送距离与电压等级成正比。线路的传送能力在保持相同有功损失率和功率因数下，也与电压的平方成正比，与线路长度等反比。

电网实际运行中，如果电压等级相差太大，必然造成变电设备生产、运行困难和低压送出困难，导致出线回路数多且低压送电距离过长，损耗增大，或者造成供电范围不能联合。反之，若级差太小，则变电层次太多，造成不必要的重复送电，增加投资和运行费用，同时也会造成供电范围重叠，不能充分发挥各电压的作用。故在电压等级序列中，应服从"舍二求三"原则，即在选择的电压等级序列中，各相邻电压等级间的倍数应力求接近或超过 3，同时又要舍弃接近或者小于 2 的两级中某一级。

1.3　电力系统负荷和供电可靠性

1.3.1　负荷分类

1.3.1.1　按能量消耗分类

（1）用电负荷。用电负荷是指用户的用电设备在某一时刻实际取用的功率总和。

（2）线路损失负荷。电能从发电厂到用户的输送过程中，不可避免地会发生功率和电能量的损失，与这种损失所对应的功率，叫线路损失负荷。

（3）供电负荷。用电负荷加上同一时刻的线路损失负荷，是发电厂对外供电时所承担的全部负荷，称为供电负荷。但有些大电网在计算供电负荷时，减去了属于电网调管的高压一次网损，称为电网的供电负荷，有的电网把属于地区调管的公用发电厂厂用电负荷也作为地区供电负荷。

（4）厂用电负荷。电厂在发电过程中要消耗一部分功率和电能，称为厂用电负荷。

（5）发电负荷。电网对外担负的供电负荷，加上同一时刻各发电厂的厂用电负荷，构成电网的全部生产负荷，称为电网发电负荷。

1.3.1.2　按电力系统中负荷发生的时间分类

（1）高峰负荷。又称最大负荷，指电网或用户在一天时间内所发生的最大负荷值。为了分析的方便常以小时用电量作为负荷。高峰负荷又分为日高峰负荷和晚高峰负荷，在分析某单位的负荷率时，选一天 24h 中最高的 1h 的平均负荷作为高峰负荷。

（2）低谷负荷。又称最小负荷，是指电网在一天 24h 中发生的用电量最少的 1h 的平均电量。为了合理用电应尽量减少发生低谷负荷的时间，对于电力系统来说，峰、谷负荷差越小，用电则越趋近于合理。

（3）平均负荷。指电网中或某用户在某一确定时间阶段的平均小时用电量。为了分析负荷率，常用日平均负荷，即一天的用电量被一天的用电小时来除。

为了安排用电量，做好用电计划，往往也用月平均负荷和年平均负荷。

1.3.1.3　用电负荷分类

（1）根据用户在国民经济中所在部分分为四类：工业用电负荷、农业用电负荷、交通运输用电负荷、照明及市政生活用电负荷。

（2）根据突然中断供电所引起的损失程度分为三类：一类负荷，也称一级负荷，是指突然中断供电将会造成人身伤亡或会引起对周围环境严重污染的；会造成经济上的巨大损失，如重要的大型设备损坏、重要产品或用重要原料生产的产品大量报废、连续生产过程被打乱且需长时间才能恢复生产的；会造成社会秩序严重混乱或产生政治上的严重影响的，如重要的交通与通信枢纽、国际社交场所等的用电负荷；二类负荷，也称二级负荷，是指突然中断供电会造成较大经济损失的，如生产主要设备损坏、产品大量报废或减产、连续生产过程需较长时间才能恢复；会造成社会秩序混乱或在政治上产生较大影响，如交通与通信枢纽、城市主要水源、广播电视、商贸中心等的用电负荷；三类负荷，也称三级负荷，是指不属于上述一类和二类的其他负荷，对这类用电负荷，突然中断供电所造成的损失不大或不会造成直接损失。

用电负荷的这种分类方法，其主要目的是为确定供电工程设计和建设的标准，保证建成投入运行的供电工程的供电可靠性能满足生产安全、社会安定的需要。如对于一级负荷的用电设备，应有两个或两个以上的独立电源供电，并辅之以其他必要的非电保安措施。

（3）根据国民经济各个时期的政策和季节的要求分为三类：优先保证供电的重点负荷；一般性供电的重点负荷；可以暂时限制或停止供电的负荷。

1.3.2　供电的可靠性

电力系统（包括电厂、变电站和用户）的各种电气设备、输配电线路以及这些设备、线路的保护和自动装置，都有可能发生不同类型的故障，从而影响电力系统的正常运行和对用户的正常供电。设备故障是事故停电的主要原因，应当由继电保护和安全自动装置来控制故障区段，或者由运行人员协助处理，以防止造成大面积停电事故。

1.3.2.1　电力系统事故的主要形式

（1）电力系统的稳定破坏（各发电机之间不能维持正常运行，系统的电流、电压和功率发生大幅度波动，这种现象叫做电力系统的稳定性破坏），使系统解列成几个部分，造成几座电厂全部停电，并失去大量负荷。

（2）大电源（发电机、变压器、输电线路）突然断开，使全系统或受电地区的电力出现严重不足的现象，频率、电压大幅度下降。

1.3.2.2 停电对用户的影响

停电是指对用户的供电中断。停电按性质可分为两类：计划停电和故障停电。

计划停电是指有计划安排的停电，可以事先通知用户。如因设备检修或系统施工等引起的停电就属此类。因为计划停电是有准备的停电，所以给用户造成的损失较小。

故障停电是指由于系统设备发生故障造成的用户供电的突然中断。因为事先无法预告，因而给用户造成的损失比计划停电大得多。停电对用户的影响视该用户的用电目的、生活水平、社会环境等不同而不同。

停电给用户造成的损失分为直接损失和间接损失。直接损失如设备损坏、生产停滞、计算机服务或数据遭到破坏等，间接损失如被迫修改计划造成的损失，人员加班的额外开支、税收损失等。

造成事故的原因是多方面的。统计资料表明，电力系统稳定性破坏的直接原因中，设备质量差占32%，自然灾害占16.6%，继电保护误动作占13.2%，人员过失占17%，运行管理水平低占21.2%。因此，要降低停电事故就必须从下面几方面做出努力：

（1）尽量提高设备自身的可靠性，及时认真地检修，防患于未然。

（2）改进电力系统结构，尽量减少对用户的停电。

（3）通过设置安全自动装置等措施，尽量防止事故扩大和尽快恢复供电。

（4）加强培训，提高运行人员的技术水平。

（5）加强运行管理。

1.3.2.3 供电可靠性指标

可靠性是指一个元件、设备或系统在预定时间内，在规定条件下完成规定功能的能力。电力系统的功能是向用户尽可能可靠地、经济地供给合格的电能。因此，电力系统可靠性定义为向用户提供质量合格的、连续的电能的能力。

1.3.2.3.1 电力系统常用的可靠性指标

（1）平均运行可用率指标：指一年中对用户有效供电小时数与总的要求的用电小时数之比。

（2）用户平均停电频率指标：指每个受停电影响的用户在一年里经受的平均停电次数。

（3）用户平均停电持续时间指标：指一年中被停电的用户经受的平均停电持续时间。

（4）系统平均停电频率指标：指系统中运行的用户在一年中经受的平均停电次数。

（5）系统平均停电持续时间指标：指系统中运行的用户在一年中经受的平均停电持续时间。

（6）电力不足时间概率：指在假定日尖峰负荷持续一整天的条件下，系统负荷需要超过可用发电容量的时间概率的总和。

（7）电力不足时间期望值：指在被研究的一段时间内，负荷需要超过可用发电容量的时间期望值。

（8）电力不足期望值：指在被研究的一段时间内，由于负荷需要超过可用发电容量而引起用户停电的平均值。

（9）电力不足概率：指在被研究的一段时间内，由于供电不足而使用户停电的电量损失的期望值与该时间内用户所需全部电量的比值。

（10）电量不足期望值：指在被研究的时间段内，由于电力不足，引起用户停电而损失的电量的平均值。

1.3.2.3.2　电力系统供电可靠性评价

由于构成电力系统的各种设备的可靠性特点不同，在进行电力系统可靠性评价时，常把整个系统分为三部分，分别进行评价：

（1）电源部分——电源可靠性。

（2）送变电部分——送变电可靠性。

（3）配电部分——配电可靠性。

1.3.2.4　提高供电可靠性的措施

电力系统的供电可靠性，与发、供电设备和线路的可靠性、电力系统的结构和接线（包括发电厂和变电站的电气主接线）、备用容量、运行方式以及防止事故连锁发展的能力有关。因此，在电力系统规化设计和运行阶段，都应注意提高供电的可靠性，其措施有如下几项：

（1）提高发、供电设备的可靠性。采用可靠的发、供电设备，做好发、供电设备的维护工作，并防止各种可能的误操作。

（2）提高送电线路的可靠性。电力系统的重要线路采用双回路。

（3）选择合理的电力系统结构和接线。对重要用户采用双电源供电。

（4）保持适当的备用容量，使系统的装机容量比最高负荷大 15%～20%。

（5）制定合理的运行方式。在制定运行方式时，除必须考虑输电线路本身的输电能力外，还要考虑当某些线路或设备突然切除时，不致影响输电网络及其他线路和设备的正常运行。

（6）采用可靠的继电保护和安全自动装置。

（7）采用快速继电保护装置。

（8）采用以电子计算机为中心的自动安全监视和控制系统。

1.4　变电站分类及电气主接线

1.4.1　变电站分类

变电站按其在系统中的地位和作用可分为以下几类：

（1）系统枢纽变电站。一般为 330～500kV 系统变电站，该类变电站的主要特点是高压侧连接区域电网并与多个大电源相连接，高压侧有大量电力转送。变电站装有多台大容量降压变压器，从区域电网中下载电力，为地区的中间变电站提供电源。该类变电站的负荷侧，往往是地区电网的主要电源点。对这类变电站电气主接线的可靠性、灵活性要求都很高。因此，应采用可靠性和灵活性都高的接线方式。

（2）系统中间变电站（或地区变电站）。一般是 220kV 或 110kV 变电站。这类变电站主要作用是从地区电网中下载电力，为地区配电网供电或为用户直接供电。变电站内有三种电压（220/110/10kV；110/35/10kV）或两种电压（220～110/35～66kV）。这类变电站因地区的电网结构不同，对其接线的要求也有所不同。例如，在地区电网结构较强，实现了 $N-1$（或 $N-2$）配置的情况下，对变电站接线可靠性的要求相对降低。

（3）企业专用变电站。这类变电站主要是专为某一企业供电的变电站，对其接线可靠性的要求与企业的性质有关。对于重要企业如大型钢厂、化工厂，任何情况下都不允许停电。除了接线可靠之外，企业还设有自备电厂。在设计企业专用变电站主接线时，还要考虑是否有自备电源的情况。

（4）系统末端的终端变电站。这类变电站处于系统的末端，高压侧设有电力转送，一般采用较简单的接线。

1.4.2 配电站分类

根据配电站的结构形式和作用，10kV 配电站统一为三种类型，即 K 型站、P 型站、W 型站。

1. K 型站（开关站）

K 型站进线来自于 35/110kV 变电站（见图 1.2），可视为变电站母线的延伸。

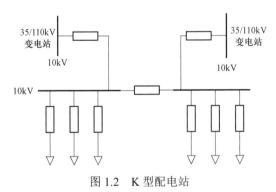

图 1.2　K 型配电站

在 K 型站中，由于使用不同型式的断路器，因而图标不同，但电气主接线是相同的，如表 1.5 所示。

表 1.5　　　　　　　　　　　　　　K 型 站 代 号

第一位	第二位	第三位
K—开关站	T—带变压器	A—采用空气绝缘开关柜
	F—无变压器	G—采用气体绝缘开关柜

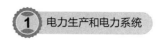

例如，KFA 为不带变压器，使用真空断路器空气绝缘开关柜的开关站；KTA 为带 2
台变压器，使用真空断路器空气绝缘开关柜的开关站。

2. P 型站（环网站）

在 P 型站中，依据是否配有变压器以及变压器的数量对其进行分类，如表 1.6 所示。

表 1.6　　　　　　　　　　　　　　　P 型 站 代 号

第一位	第二位	第三位
P—环网站	T—带变压器	1—带 1 台变压器
		2—带 2 台变压器
		3—带 3 台变压器
		4—带 4 台变压器
	F—无变压器	

例如，PT2 表示带 2 台配电变压器及 10kV 出线的环网配电站；PF 表示不带配电变
压器的多路环网开关柜构成的配电站。

3. W 型站（户外站）

在 W 型站中，依据户外站的具体类型对其进行分类，如表 1.7 所示。

表 1.7　　　　　　　　　　　　　　　W 型 站 代 号

第一位	第二位
W—户外站	X—预装式配电站
	H—10kV 户外环网装置
	L—低压户外电缆分支箱

例如，WX 为预装式配电站，亦称箱式变压器，有进出线成环网，也称环网箱变；
WH 为不带变压器，仅分支电缆的 10kV 户外配电站，又称 10kV 户外环网装置，可以装
有熔丝，亦可不装熔丝，根据需要而定；WL 为低压户外电缆分支装置。

1.4.3　变电站电气主接线

变电站的电气主接线是由变压器、断路器等高压电气设备通过连接线，按其功能要
求组成的变换电压等级及汇集和分配电能的电路。它又常被称为变电站的一次接线或电
气主系统。用规定的设备文字和图形符号按实际运行原理排列和连接，详细地表示高压
电气设备的全部基本组成和连接关系的单线接线图，称为变电站的电气主接线图。

电气主接线代表了变电站电气部分的主体结构，是电力系统网络结构的重要组成部
分。它直接影响运行的可靠性、灵活性，并对电气设备选择、配电装置布置、继电保护、
安全自动装置和控制方式的拟定都有决定性的作用。因此，主接线的正确、合理设计，
必须综合考虑各方面因素，经技术经济比较后方可确定。

电气主接线的基本要求是：

（1）保证必要的供电可靠性。变电站是电力系统的重要组成部分，其主接线的可靠性应与系统的要求相适应。变电站的主接线又是电能向用户传输的集散点，所以它还应根据各类负荷的重要性，按不同要求满足各类负荷对供电可靠性的要求。

（2）主接线应力求简单、明了，运行灵活，操作方便。

（3）保证维护及检修时的安全、方便。

（4）满足扩建的要求。

（5）力求一次投资及年运行费低。

1.4.3.1 常见的各种接线方式及特点

1.4.3.1.1 变压器—线路组接线

变压器—线路组接线如图 1.3 所示。这种接线是一台变压器与一条线路构成一个接线单元。常用的接线方式有两种：一种是变压器低压侧没有电源，在变压器和线路间只装设一组带接地刀闸的隔离开关，不装设断路器，如图 1.3（a）所示。线路故障时，出线路对侧保护动作，线路对侧断路器切除故障；变压器故障时，变压器保护动作，通过远方跳闸装置动作于线路对侧断路器切除故障。

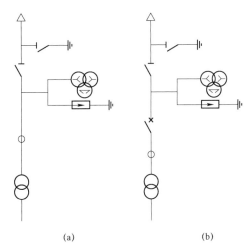

图 1.3 变压器—线路组接线
（a）接线一；（b）接线二

另一种是在变压器和线路间除了装设一组带接地刀闸的隔离开关外，还装设断路器，如图 1.3（b）所示。当线路故障时，由线路对侧和本侧保护动作，线路两侧断路器切除故障；当变压器故障时，变压器保护动作，由变压器两侧断路器切除故障。这种接线可用于变压器低压侧有电源或无电源的情况。

在变压器与线路间不装设断路器，虽然节省投资，但变压器故障需通过远方跳闸装置由线路对侧断路器切除，保护和二次回路接线复杂，对变压器停电操作也不方便。是否装设断路器要根据工程的具体情况，经比较确定。

变压器—线路组接线是最简单的接线方式，其优点是设备最少、高压配电装置简单、占地面积小、本回路故障对其他回路没有影响。缺点是可靠性不高，线路故障或检修时，变压器停运、变压器故障或检修时，线路停运。

1.4.3.1.2 桥接线

在 2 个变压器—线路组接线之间装设 1 台桥断路器便构成了桥接线。在桥接线中，4 个元件只用 3 台断路器，是一种节省断路器的接线方式。桥接线又分为内桥接线、外桥接线和扩大桥接线，如图 1.4 所示。

内桥接线是桥断路器接在线路断路器内侧，如图 1.4（a）所示。其优点是线路的投入和切除操作方便。线路故障时，仅故障线路断路器断开，其他线路和变压器不受影响。

其缺点是桥断路器检修停运,两回路需解列运行。变压器的投入和切除操作需要动作两台断路器,操作较复杂。当变压器故障时,两台断路器动作,致使一回无故障线路停电,扩大了故障切除范围。实际上,变压器的故障率远低于线路的故障率,所以内桥接线在系统中应用的较多。

外桥接线是桥断路器接在断路器外侧,另外两台断路器接在变压器回路,如图 1.4 (b)所示。其接线特点与内桥接线相反。这种接线主要用在变压器投入和切除操作比较频繁、通过桥断路器有穿越功率的情况下。

为了在检修线路或变压器回路断路器时不中断线路或变压器的正常运行,可装设正常断开的跨条,如图 1.4 (b)中虚线所示,为了轮流停电检修任何一组隔离开关,在跨条上须装设两组隔离开关。桥断路器检修时,也可利用此跨条。

当有 3 条线路、2 台变压器或 2 条线路、3 台变压器时,也可采用扩大桥接线,如图 1.4 (c)、(d)所示。其接线特点与内桥接线或外桥接线基本相同。因该种接线需用的断路器数量与单母线接线相同,所以在实际工程中采用得较少。

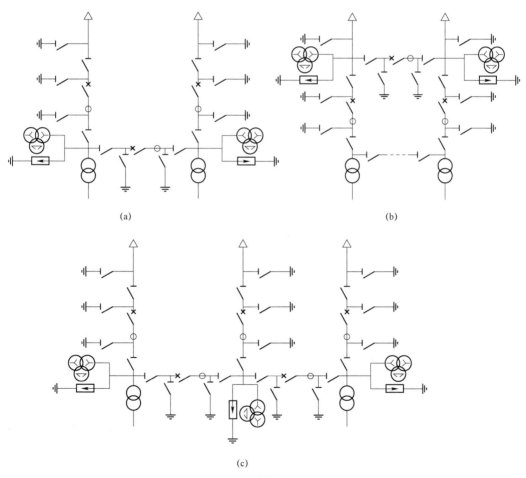

(a)

(b)

(c)

图 1.4　桥接线(一)

(a)内桥接线;(b)外桥接线;(c)扩大桥接线一

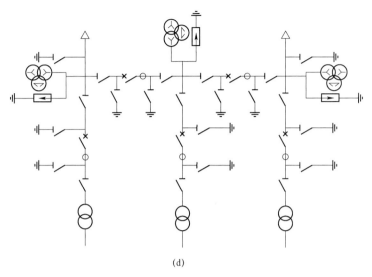

(d)

图 1.4　桥接线（二）

（d）扩大桥接线二

桥接线可作为最终接线，也可作为过渡接线。只要在布置上留有位置，桥接线可过渡到单母线接线、单母线分段接线、双母线接线、双母线分段接线。

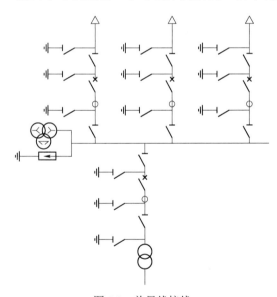

图 1.5　单母线接线

1.4.3.1.3　单母线接线

单母线接地如图 1.5 所示。这种接线的特点是设一条汇流母线，电源线和负载线均通过一台断路器接到母线上。它是母线制接线中最简单的一种接线。其优点是接线简单、清晰、采用设备少、造价低、操作方便、扩建容易。缺点是可靠性不高，当任一连接元件故障、断路器拒动或母线故障，都将造成整个配电装置全停。母线或母线隔离开关检修，整个配电装置亦将全停。

单母线接线可作为最终接线，也可作为过渡接线。只要在布置上留有位置，单母线接线可过渡到单母线分段接线、双母线接线、双母线分段接线。

1.4.3.1.4　单母线分段接线

这种接线是为消除单母线接线的缺点而产生的一种接线。用断路器将母线分段，分段后母线和母线隔离开关可分段轮流检修，如图 1.6 所示。对重要用户，可从不同母线段引双回路供电。当一段母线发生故障或当任一连接元件故障，断路器拒动时，由继电保护动作断开分段断路器将故障限制在故障母线范围内，非故障母线继续运行，整个配电装置不会全停，也能保证对重要用户的供电。

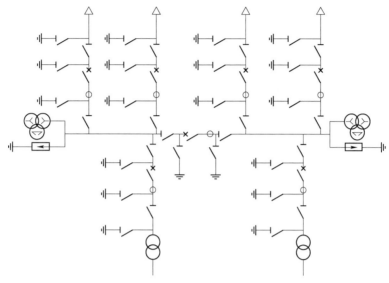

图 1.6　单母线分段接线

这种接线除具有类似单母线接线的简单、清晰、采用设备少、操作方便、扩建容易等优点外，增加分段断路器后，还提高了可靠性。因此，这种接线的应用范围也比单母线接线广。其缺点是当分段断路器故障时，整个配电装置会全停，母线和母线隔离开关检修时，该段母线上连接的元件都要在检修期间停电。

1.4.3.1.5　双母线接线

为克服单母线分段接线在母线和母线隔离开关检修时，该段母线上连接的元件都要在检修期间停电的缺点而发展出双母线接线。这种接线，每一元件通过一台断路器和两组隔离开关连接到两组母线上，两组母线间通过母线联络断路器连接，接线如图 1.7 所示。根据需要，每一元件可通过母线隔离开关连接到任一条母线上。在实际运行中，由于系统运行或继电保护的要求，某一元件要固定连接到一组母线上，以所谓"固定连接方式"运行。

双母线接线与单母线接线相比，具有较高的可靠性和灵活性，主要体现在以下几点：

（1）线路故障断路器拒动或母线故障只停一条母线及所连接的元件。将非永久性故障元件切换到无故障母线，可迅速恢复供电。

（2）检修任一元件的母线隔离开关，只停该元件和一条母线，其他元件切换到另一母线，不影响其他元件供电。

（3）可在任何元件不停电的情况下轮流检修母线，只需将要检修母线上的全部元件切换到另一母线即可。

（4）断路器检修可加临时跨条，将被检修断路器旁路，用母联断路器代替被检修断路器，减少停电时间。

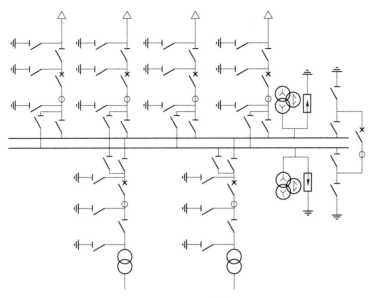

图 1.7 双母线接线

（5）运行和调度灵活。根据系统运行的需要，各元件可灵活地连接到任一母线上，实现系统的合理接线。

（6）扩建方便。一般情况下，双母线接线配电装置在一期工程中就将母线构架一次建成，近期扩建间隔的母线也安装好。在扩建新元件施工时，对原有元件没有影响。

双母线接线与单母线接线相比有如下缺点：

（1）增加了一条母线和母线隔离开关，增加了设备及相应的构支架，加大了配电装置的占地和工程投资。

（2）当母线或母线隔离开关故障检修时，倒闸操作复杂，容易发生误操作。

（3）隔离开关操作闭锁接线复杂。

（4）保护和测量装置的电压取自母线电压互感器二次侧，需经过切换。电压回路接线复杂。

（5）母线联络断路器故障，整个配电装置将全停。

1.4.3.1.6 双母线分段

当双母线接线配电装置的进、出线回路数多时，为增加可靠性和运行上的灵活性，可在双母线中的一条或两条母线上加分段断路器，形成双母线单分段接线或双母线双分段接线。在母线系统中，除分段断路器之外，在两母线间还设母联断路器。也有人将这种接线称为双母线三分段或双母线四分段接线。

双母线单分段或双分段接线克服了双母线接线存在全停可能性的缺点，缩小了故障停电范围，提高了接线的可靠性。特别是双母线双分段接线，比双母线单分段接线只多一台分段断路器和一组母线电压互感器和避雷器，占地面积相同，但可靠性提高明显。

表 1.8 以 12 个元件为例，列出了两种接线的故障停电范围。

表 1.8 双母线分段接线故障停电范围

接线方式	双母线单分段		双母线双分段	
故障类型	停电回路	停电百分比（%）	停电回路	停电百分比（%）
出线故障、断路器拒动	3～6	25～50	3	25
母线故障	3～6	25～50	3	25
分段或母联关路器故障	6～9	50～70	6	50

从表 1.8 不难看出，双母线双分段接线具有很高的可靠性，可以做到在任何双重故障情况下不致造成配电装置全停。这种接线在系统运行中也非常灵活，可通过分段断路器或母联断路器将系统分割成几个互不连接部分，达到限制短路电流、控制潮流、缩小故障停电范围等目的。

双母线双分段接线比双母线单分段接线简单，可靠性也较高。

1.4.4 变电站主接线选择

1.4.4.1 主接线选择的主要原则

（1）变电站主接线要与变电站在系统中的地位、作用相适应。根据变电站在系统中的地位、作用确定对主接线的可靠性、灵活性和经济性的要求。

（2）变电站主接线的选择应考虑电网安全稳定运行的要求，还应满足电网出现故障时应急处理的要求。

（3）各种配电装置接线的选择，要考虑该配电装置所在的变电站性质、电压等级、进出线回路数、采用的设备情况、供电负荷的重要性和本地区的运行习惯等因素。

（4）近期接线与远景接线相结合，方便接线的过渡。

（5）在确定变电站主接线时要进行技术经济比较。

1.4.4.2 变配电站主接线实例

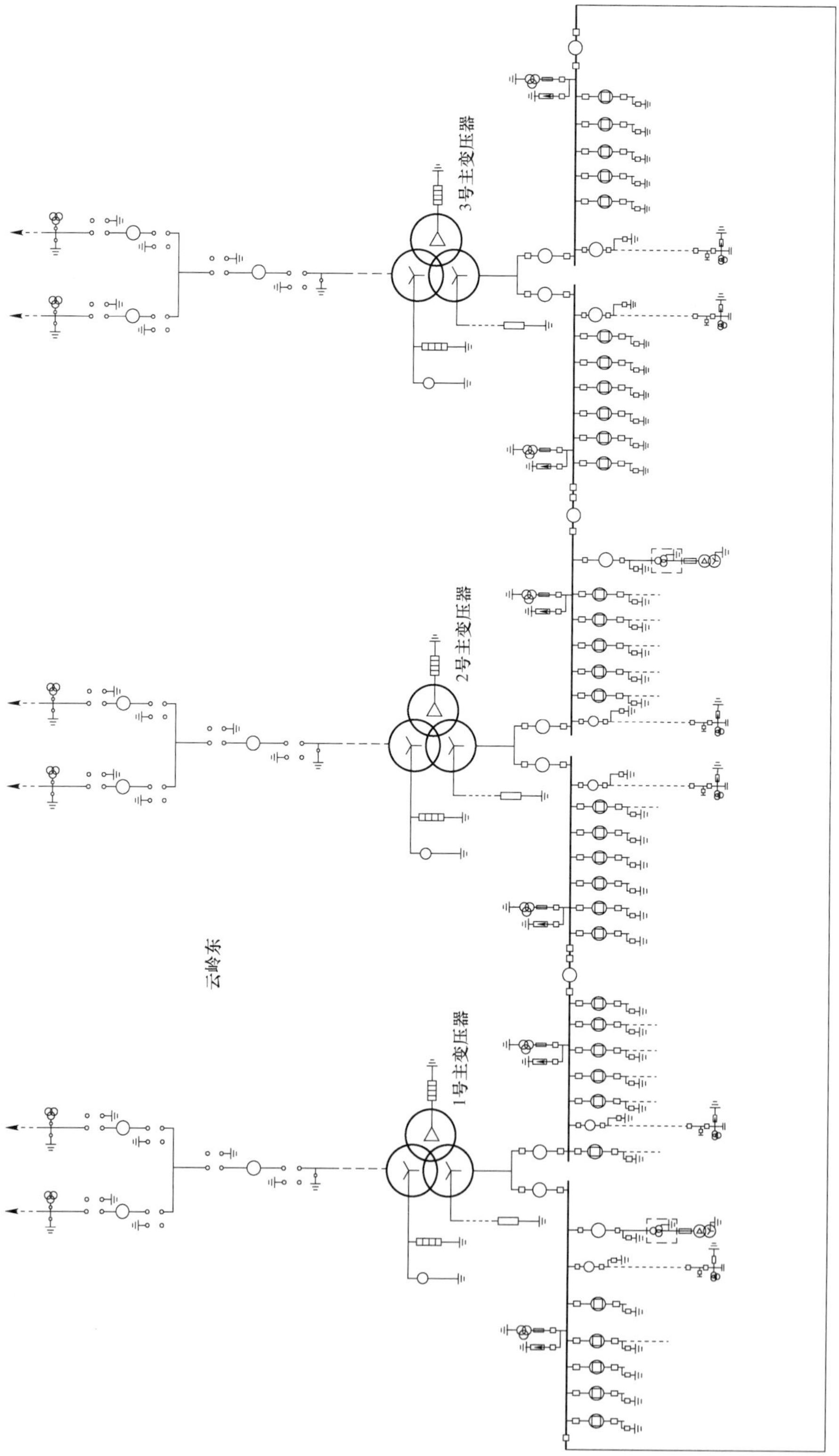

云岭东

图 1.8 110kV××东站主接线图

2 变电运维管理及台账

2.1 变电运维管理

2.1.1 变电站运维管理的基本内容

（1）健全运行人员岗位责任制，使人人明确自己的职责、权限和工作内容。

（2）健全变电运行管理制度。交接班、巡视检查、运行维护等制度，使管理正规化和标准化。

（3）加强运行设备管理，贯彻设备验收制度、缺陷管理制度。

（4）加强技术管理。

（5）加强安全管理。

（6）加强职工培训。

（7）加强政治思想工作，关心职工工作，搞好文明生产，充分发挥运行人员积极性。

2.1.2 运维班岗位职责

（一）班长岗位责任

（1）班长是本班安全第一责任人，全面负责本班工作。

（2）组织本班的业务学习，落实全班人员的岗位责任制。

（3）组织本班安全活动，开展危险点分析和预控等工作。

（4）主持本班异常、故障和运行分析会。

（5）定期巡视所辖变电站的设备，掌握生产运行状况，核实设备缺陷，督促消缺。

（6）负责编制本班运维计划，检查、督促两票执行、设备维护、设备巡视和文明生产等工作。

（7）负责大型停、送电工作和复杂操作的准备和执行工作。

（8）做好新、改、扩建工程的生产准备，组织或参与设备验收。

（二）副班长（安全员）岗位责任

（1）协助班长开展班组管理工作。

（2）负责安全管理，制定安全活动计划并组织实施。

（3）负责安全工器具、备品备件、安全设施及安防、消防、防汛、辅助设施管理。

（三）副班长（专业工程师）岗位责任

（1）协助班长开展班组管理工作。

（2）专业工程师是全班的技术负责人。

（3）组织编写、修订现场运行专用规程、典型操作票、故障处理应急预案等技术资料。

（4）编制本班培训计划，完成本班人员的技术培训工作。

（5）负责技术资料管理。

（四）运维工岗位责任

（1）按照班长（副班长）安排开展工作。

（2）接受调控令，填写或审核操作票，正确执行倒闸操作。

（3）做好设备巡视维护工作，及时发现、核实、跟踪、处理设备缺陷，同时做好记录。

（4）遇有设备的事故及异常运行，及时向调控及相关部门汇报，接受、执行调控命令，对设备的异常及事故进行处理，同时做好记录。

（5）审查和受理工作票，办理工作许可、终结等手续，并参加验收工作。

（6）负责填写各类运维记录。

2.1.3 运维班值班方式

运维班值班方式应满足日常运维和应急工作的需要，运维班驻地应 24h 有人值班，并保持联系畅通，夜间值班不少于 2 人，变电运维班现场采用以下两种值班模式。

（1）模式一：N 名常日班人员，负责班组管理、许可、资料等工作，2 名值班人员，采用 5/1/2/0/0 倒班模式，负责操作、抢修、事故处理、设备巡视等。（5:8:00—17:00；1:8:00—20:00；2:20:00：—8:00；0：休息）

（2）模式二：N 名常日班人员，负责班组管理、许可、资料等工作，2 名值班人员，采用 1/2/0/0 倒班模式，负责操作、抢修、事故处理、设备巡视等。

2.1.4 交接班制度

（1）运维人员应按照下列规定进行交接班。未办完交接手续之前，不得擅离职守。

（2）交接班前、后 30min 内，一般不进行重大操作。在处理事故或倒闸操作时，不得进行工作交接；工作交接时发生事故的，应停止交接，由交班人员处理，接班人员在交班负责人指挥下协助工作。

（3）交接班方式。交接班由班长（副班长）组织，每日早上班时，夜间值班人员汇报夜间工作情况，班长（副班长）组织全班人员确认无误并签字后，交接班工作结束；每日晚下班时，班长（副班长）向夜间值班人员交代全天工作情况及夜间注意事项，夜间值班人员确认无误并签字后，交接班工作结束。节假日时可由班长指定负责人组织交接班工作。

（4）交接班主要内容：

1）所辖变电站运行方式。

2）缺陷、异常、故障处理情况。

3）两票的执行情况，现场保留安全措施及接地线情况。

4）所辖变电站维护、切换试验、带电检测、检修工作开展情况。

5）各种记录、资料、图纸的收存保管情况。

6）现场安全用具、工器具、仪器仪表、钥匙、生产用车及备品备件使用情况。

7）上级交办的任务及其他事项。

（5）接班后，接班负责人应及时组织召开本班班前会，根据天气、运行方式、工作情况、设备情况等，布置安排本班工作，交代注意事项，做好事故预想。

2.1.5 设备巡视制度

变电站的设备巡视检查，分为例行巡视、全面巡视、专业巡视、熄灯巡视和特殊巡视。基本要求：

（1）运维班负责所辖变电站的现场设备巡视工作，应结合每月停电检修计划、带电检测、设备消缺维护等工作统筹组织实施，提高运维质量和效率。

（2）巡视人员应注意人身安全，针对运行异常且可能造成人身伤害的设备应开展远方巡视，应尽量缩短在瓷质、充油设备附近的滞留时间。

（3）巡视应执行标准化作业，保证巡视质量。

（4）运维班班长、副班长和专业工程师应每月至少参加1次巡视，监督、考核巡视检查质量。

（5）对于不具备可靠的自动监视和告警系统的设备，应适当增加巡视次数。

（6）巡视设备时运维人员应着工作服，正确佩戴安全帽。雷雨天气必须巡视时应穿绝缘靴、着雨衣，不得靠近避雷器和避雷针，不得触碰设备、架构。

（7）为确保夜间巡视安全，变电站应具备完善的照明。

（8）现场巡视工器具应合格、齐备。

（9）备用设备应按照运行设备的要求进行巡视。

2.1.6 设备日常运行中的管理

加强设备管理要坚持运行维护为主，检修为辅的原则。当值运行人员应做好以下工作：

（1）正确使用设备。

（2）严格执行设备的运行技术规范，按照规定使用设备，从而延长设备使用年限，保证安全运行。

（3）对设备正常进行正确操作（操作程序和方法）。

（4）认真执行设备巡回检查制度。

（5）运行人员按照规定定期对设备进行巡视检查，发现问题及时处理或上报。搞好设备维护保养和清扫。

（6）坚持搞好设备的定期试验和轮换。

（7）对各种专用设备，都要按照规程要求，定期启动一段时间，观察其运行情况是否正常，以保证能随时能投入运行。对运行中的设备，也应进行定期检查和传动试验。

2.2　变电运维台账

2.2.1　运行规程管理

2.2.1.1　规程编制

（1）变电站现场运行规程是变电站运行的依据，每座变电站均应具备变电站现场运行规程。

（2）变电站现场运行规程分为通用规程与专用规程两部分。通用规程主要对变电站运行提出通用和共性的管理和技术要求，适用于本单位管辖范围内各相应电压等级变电站。专用规程主要结合变电站现场实际情况提出具体的、差异化的、针对性的管理和技术规定，仅适用于该变电站。

（3）变电站现场运行规程应涵盖变电站一次、二次设备及辅助设施的运行、操作注意事项、故障及异常处理等内容。

（4）变电站现场运行通用规程中的智能化设备部分可单独编制成册，但各智能变电站现场运行专用规程须包含站内所有设备内容。

（5）按照"运检部牵头、按专业管理、分层负责"的原则，开展变电站现场运行规程编制、修订、审核与审批等工作。一类变电站现场运行专用规程报国网运检部备案，二类变电站现场运行专用规程报省公司运检部备案。

（6）新建（改、扩建）变电站投运前一周应具备经审批的变电站现场运行规程，之后每年应进行一次复审、修订，每五年进行一次全面的修订、审核并印发。

（7）变电站现场运行规程应依据国家、行业、公司颁发的规程、制度、反事故措施，运检、安质、调控等部门专业要求，图纸和说明书等，并结合变电站现场实际情况编制。

（8）变电站现场运行规程编制、修订与审批应严格执行管理流程，并填写《变电站现场运行规程编制（修订）审批表》。《变电站现场运行规程编制（修订）审批表》应与现场运行规程一同存放。

（9）变电站现场运行规程审批表的编号原则为：单位名称＋运规审批＋年份＋编号。

（10）变电站现场运行通用规程由省公司组织编制，由各省公司分管领导组织运检、安质、调控等专业部门会审并签发执行。按照变电站电压等级分册，采用"省公司名称＋电压等级＋变电站现场运行通用规程"形式命名。

（11）变电站现场运行专用规程由省检修公司、地市公司组织编制，由分管领导组织运检、安质、调控等专业会审并签发执行。每座变电站应编制独立的专用规程，采用"单位名称＋电压等级＋名称＋变电站现场运行专用规程"的形式命名。

（12）变电站现场运行规程应在运维班、变电站及对应的调控中心同时存放。

（13）变电站现场运行规程格式按照 DL/T 600《电力行业标准编写基本规定》《国家电网公司技术标准管理办法》编排。

2.2.1.2 规程修订

（1）当发生下列情况时，应修订通用规程：

1）当国家、行业、公司发布最新技术政策，通用规程与此冲突时；

2）当上级专业部门提出新的管理或技术要求，通用规程与此冲突时；

3）当发生事故教训，提出新的反事故措施后；

4）当执行过程中发现问题后。

（2）当发生下列情况时，应修订专用规程：

1）通用规程发生改变，专用规程与此冲突时；

2）当各级专业部门提出新的管理或技术要求，专用规程与此冲突时；

3）当变电站设备、环境、系统运行条件等发生变化时；

4）当发生事故教训，提出新的反事故措施后；

5）当执行过程中发现问题后。

（3）变电站现场运行规程每年进行一次复审，由各级运检部组织，审查流程参照编制流程执行。不需修订的应在《变电站现场运行规程编制（修订）审批表》中出具"不需修订，可以继续执行"的意见，并经各级分管领导签发执行；

（4）变电站现场运行规程每五年进行一次全面修订，由各级运检部组织，修订流程参照编制流程执行，经全面修订后重新发布，原规程同时作废。

2.2.1.3 主要内容

（1）通用规程主要内容：

1）规程的引用标准、适用范围、总的要求；

2）系统运行的一般规定；

3）一次设备倒闸操作、继电保护及安全自动装置投退操作等的一般原则与技术要求；

4）变电站事故处理原则；

5）一、二次设备及辅助设施等巡视与检查、运行注意事项、检修后验收、故障及异常处理。

（2）专用规程主要内容：

1）变电站简介；

2）系统运行（含调度管辖范围、正常运行方式、特殊运行方式和事故处理等）；

3）一、二次设备及辅助设施的型号与配置，主要运行参数，主要功能，可控元件（空气开关、压板、切换开关等）的作用与状态，运行与操作注意事项，检修后验收，故障及异常处理等；

4）典型操作票（一次设备停复役操作，运行方式变更操作，继电保护及安全自动装置投退操作等）；

5）图表（一次系统主接线图、交直流系统图、交直流系统空气开关熔断器级差配置表、保护配置表、主设备运行参数表等）。

2.2.2 PMS2.0 系统及其常用操作

PMS2.0 即设备运维精益管理系统，从 1.0 到 2.0 以及经历了两代，是变电运维班日常资料工作的常用工具。2.0 系统里面模块众多，运维具体涉及的有铭牌申请与变更、资料台账输入、交接班工作、设备巡视登记、操作票开票、工作票审核签名与打印、缺陷登记等。

2.2.2.1 常用操作界面

输入账号和密码，进入登录界面，图 2.1～图 2.5 几种常用模块界面。

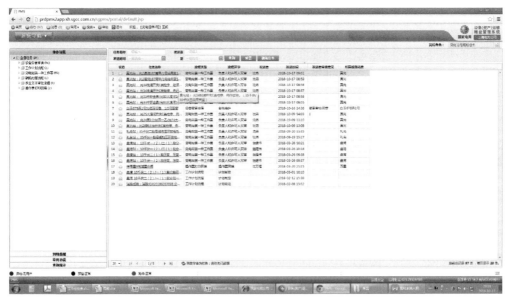

图 2.1 待办任务界面（登录后）

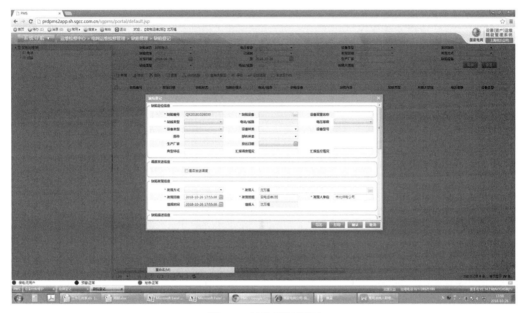

图 2.2　缺陷登记界面

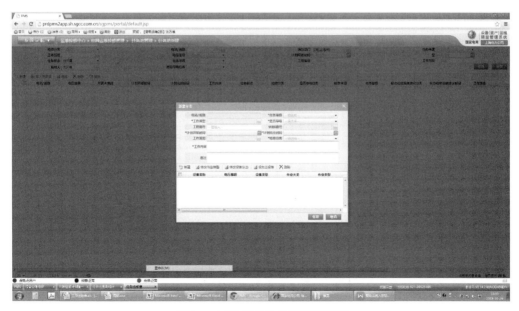

图 2.3　工作任务单处理流程界面

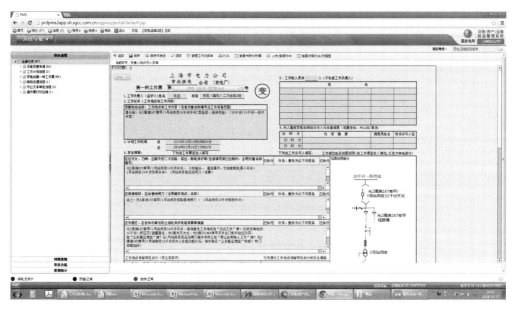

图 2.4 工作票审核及打印界面

图 2.5 运行记事界面

2.2.2.2 具体操作方法

由于 PMS 系统操作模块众多，操作流程较长。针对这种情况，班里面对每个常用模块都有详细的操作说明供以后使用时参考，平时还要多注意记录学习，留意操作流程的变动等。有不明白者可以咨询后台，具体操作流程此处不再赘述。

2.2.3 运维分析

运维分析分为综合分析和专题分析，主要是针对设备运行、操作和异常情况及运维人员规章制度执行情况进行分析，找出薄弱环节，制订防范措施，提高运维工作质量和运维管理水平。

综合分析每月开展 1 次，由运维班班长组织全体运维人员参加。综合分析的主要内容包括：

（1）"两票"和规章制度执行情况分析；

（2）事故、异常的发生、发展及处理情况；

（3）发现的缺陷、隐患及处理情况；

（4）继电保护及安全自动装置动作情况；

（5）季节性预防措施和反事故措施落实情况；

（6）设备巡视检查监督评价及巡视存在问题；

（7）天气、负荷及运行方式发生变化，运维工作注意事项；

（8）本月运维工作完成情况以及下月运维工作安排。

专题分析应根据需要有针对性开展。专题分析由班长组织有关人员进行，应根据运维中出现的特定问题，制定对策，及时落实，并向上级汇报。专题分析的主要内容包括：

（1）设备出现的故障及多次出现的同一类异常情况；

（2）设备存在的家族性缺陷、隐患，采取的运行监督控制措施；

（3）其他异常及存在安全隐患的情况及其监督防范措施。

分析后要记录活动日期、分析的题目及内容、存在的问题和采取的措施，如有需上级解决的问题及改进意见应及时呈报。

2.2.4 台账及运维记录

2.2.4.1 运维工作记录

运维工作记录应包括以下内容且设备台账应覆盖所有设备、设施，且准确、完整：

（1）变电运维工作日志。

（2）设备巡视记录。

（3）设备缺陷记录。

（4）消防设施检查表。

（5）电气设备检修试验记录。

（6）继电保护及安全自动装置工作记录。

（7）断路器跳闸记录。

（8）避雷器动作及泄漏电流记录。

（9）设备测温记录。

（10）运维分析记录。

（11）反事故演习记录。

（12）解锁钥匙使用记录。

（13）蓄电池检测记录。

（14）事故预想记录。

2.2.4.2　相关要求

（1）运维班及变电站现场，应具备各类完整的运维记录、台账；纸质记录至少保存一年，重要记录应长期保存。

（2）原则上，运维记录、台账应通过 PMS 系统进行记录，系统中无法记录的内容可通过纸质或其他记录形式予以补充。

（3）运维记录、台账的填写应及时、准确和真实，便于查询。

（4）专业工程师每月应对运维记录、台账进行审核，运维单位每季应至少组织 1 次记录、台账检查并做好记录。

（5）新建变电站设备台账应在投运前一周内录入 PMS 系统。

2.2.5　档案资料管理

2.2.5.1　运维班应具备的技术资料

（1）运维班应具备的法规、制度：

1）中华人民共和国电力法。

2）中华人民共和国消防法。

3）道路交通安全法。

4）电力安全事故应急处置和调查处理条例。

5）国网公司电力安全工作规程变电部分。

6）国家电网公司安全事故调查规程。

7）国家电网公司安全工作规定。

8）国家电网公司十八项电网重大反事故措施。

9）电力系统用蓄电池直流电源装置运行与维护技术规程。

10）微机继电保护装置运行管理规程。

11）公司输变电设备状态检修、设备评价管理规定。

12）输变电设备状态检修试验规程。

13）国家电网公司防止电气误操作安全管理相关规定。

14）带电设备红外诊断应用规范。

15）国家电网公司供电电压、电网谐波及技术线损管理规定。

16）国家电网公司输变电设备防雷工作管理规定。

17）电力设备典型消防规程。

18）各级调控规程（根据调控关系）。

19）变电站现场运行通用规程、所辖变电站现场运行专用规程。

（2）运维班应具备的管理制度：

1）国家电网公司变电运维管理规定（试行）和细则。

2）国家电网公司变电评价管理规定（试行）和细则。

3）国家电网公司变电验收管理规定（试行）和细则。

4）国家电网公司变电检修管理规定（试行）和细则。

5）国家电网公司变电检测管理规定（试行）和细则。

6）两票管理规定。

7）设备缺陷管理规定（含变电设备标准缺陷库）。

8）变电站安全保卫规定。

9）现场应急处置方案。

（3）运维班应具备的图纸、图表：

1）所辖变电站一次主接线图。

2）所辖变电站站用电系统图。

3）所辖变电站直流系统图。

4）所辖变电站设备最小载流元件表。

5）保护配置一览表。

6）地区污秽等级分布图。

7）视频监控布置图。

（4）运维班应具备的技术资料类：

1）变电站设备说明书。

2）变电站继电保护定值通知单。

3）变电站工程竣工（交接）验收报告。

4）变电站设备修试报告。

5）变电站设备评价报告。

2.2.5.2 变电站应具备的技术资料

（1）变电站应具备的规程：

1）国家电网公司电力安全工作规程　变电部分。

2）各级调控规程（根据调控关系）。

3）变电站现场运行通用规程。

4）变电站现场运行专用规程。

（2）变电站应具备的技术图纸、图表：

1）一次主接线图。

2）站用电主接线图。

3）直流系统图。

4）正常和事故照明接线图。

5）继电保护、远动及安全自动装置原理和展开图。

6）巡视路线图。

7）全站平、断面图。

8）组合电器气隔图。

9）直埋电力电缆走向图。

10）接地装置布置以及直击雷保护范围图。

11）消防系统图（或布置图）：火灾报警系统图、变压器（高压并联电抗器）消防系统。

12）地下隐蔽工程竣工图。

13）主设备保护配置图

14）断路器、隔离开关操作控制回路图。

15）测量、信号、故障录波及监控系统回路、布置图。

16）设备最小载流元件表。

17）交直流熔断器及开关配置表。

18）有关人员名单（各级调控人员、工作票签发人、工作负责人、工作许可人、有权单独巡视设备的人员等）。

2.3 设备缺陷管理

2.3.1 缺陷分类

（1）危急缺陷。设备或建筑物发生了直接威胁安全运行并需立即处理的缺陷，否则，随时可能造成设备损坏、人身伤亡、大面积停电、火灾等事故。

（2）严重缺陷。对人身或设备有严重威胁，暂时尚能坚持运行但需尽快处理的缺陷。

（3）一般缺陷。上述危急、严重缺陷以外的设备缺陷，指性质一般、情况较轻，对安全运行影响不大的缺陷。

2.3.2 缺陷建档及上报

（1）发现缺陷后，运维班负责参照缺陷定性标准进行定性，及时启动缺陷管理流程。

（2）在 PMS 系统中登记设备缺陷时，应严格按照缺陷标准库和现场设备缺陷实际情况对缺陷主设备、设备部件、部件种类、缺陷部位、缺陷描述以及缺陷分类依据进行选择。

（3）对于缺陷标准库未包含的缺陷，应根据实际情况进行定性，并将缺陷内容记录清楚。

（4）对不能定性的缺陷应由上级单位组织讨论确定。

（5）对可能会改变一、二次设备运行方式或影响集中监控的危急、严重缺陷情况应向相应调控人员汇报。缺陷未消除前，运维人员应加强设备巡视。

2.3.3 缺陷处理

（1）设备缺陷的处理时限：

1）危急缺陷处理不超过 24h;

2）严重缺陷处理不超过 1 个月;

3）需停电处理的一般缺陷不超过 1 个检修周期，可不停电处理的一般缺陷原则上不超过 3 个月。

（2）发现危急缺陷后，应立即通知调控人员采取应急处理措施。

（3）缺陷未消除前，根据缺陷情况，运维单位应组织制订预控措施和应急预案。

（4）对于影响遥控操作的缺陷，应尽快安排处理，处理前后均应及时告知调控中心，并做好记录。必要时配合调控中心进行遥控操作试验。

2.3.4 消缺验收

（1）缺陷处理后，运维人员应进行现场验收，核对缺陷是否消除。

（2）验收合格后，待检修人员将处理情况录入 PMS 系统后，运维人员再将验收意见录入 PMS 系统，完成闭环管理。

2.4 变电运维专项工作

根据《国家电网公司变电运维管理规定（试行）》，结合变电现场生产实际，变电运维专项管理常分为消防管理、防汛管理、防（台）风管理、防寒管理、防高温管理、防潮管理、防小动物管理、防外力破坏管理、危险品管理等。

2.4.1 消防管理

（1）运维单位应按照国家及地方有关消防法律法规制定变电站现场消防管理具体要求，落实专人负责管理，并严格执行。

（2）运维单位应结合变电站实际情况制定消防预案，消防预案中应包括应急疏散部分，并定期进行演练。消防预案内应有变压器类设备灭火装置、烟感报警装置和消防器材的使用说明。

（3）变电站现场运行专用规程中应有变压器类设备灭火装置的操作规定。

（4）变电运维人员应熟知消防设施的使用方法，熟知火警电话及报警方法，掌握自救逃生知识和消防技能。

（5）变电站消防管理应设专人负责，建立台账并及时检查。

（6）应制定变电站消防器材布置图，标明存放地点、数量和消防器材类型，消防器材按消防布置图布置。变电运维人员应会正确使用、维护和保管。

（7）变电站防火警示标志、疏散指示标志应齐全、明显。

（8）变电站设备区、生活区严禁存放易燃易爆及有毒物品。因施工需要放在设备区的易燃、易爆物品，应加强管理，并按规定要求使用，使用完毕后立即运走。

（9）在防火重点部位或场所以及禁止明火区动火作业，应填用动火工作票。

（10）火灾处理原则：

1）突发火灾事故时，应立即根据变电站现场运行专用规程和消防应急预案采取正确的紧急隔、停措施，避免因着火而引发的连带事故，缩小事故影响范围。

2）参加灭火的人员在灭火时应防止压力气体、油类、化学物等燃烧物发生爆炸及防止被火烧伤或被燃烧物所产生的气体引起中毒、窒息。

3）电气设备未断电前，禁止人员灭火。

4）当火势可能蔓延到其他设备时，应果断采取适当的隔离措施，并防止油火流入电缆沟和设备区等其他部位。

5）灭火时应将无关人员紧急撤离现场，防止发生人员伤亡。

6）火灾后，必须保护好火灾现场，以便有关部门调查取证。

2.4.2 防汛管理

（1）应根据本地区的气候特点、地理位置和现场实际，制定相关预案及措施，并定期进行演练。变电站内应配备充足的防汛设备和防汛物资，包括潜水泵、塑料布、塑料管、沙袋、铁锹等。

（2）在每年汛前应对防汛设备进行全面的检查、试验，确保处于完好状态，并做好记录。

（3）防汛物资应由专人保管、定点存放，并建立台账。

（4）雨季来临前对可能积水的地下室、电缆沟、电缆隧道及场区的排水设施进行全面检查和疏通，对房屋渗漏情况进行检查，做好防进水和排水及屋顶防渗漏措施。

（5）下雨时对房屋渗漏、排水情况进行检查；雨后检查地下室、电缆沟、电缆隧道等积水情况，并及时排水，做好设备室通风工作。

2.4.3 防（台）风管理

（1）应根据本地区气候特点和现场实际，制定相应的变电站设备防（台）风预案和措施。

（2）大（台）风前后，应重点检查设备引流线、设备防雨罩、避雷针、绝缘子等是否存在异常；检查屋顶和墙壁彩钢瓦、建筑物门窗是否正常；检查户外堆放物品是否合适，箱体是否牢固，户外端子箱是否密封良好。

（3）每月检查和清理设备区、围墙及周围的覆盖物、飘浮物等，防止被大风刮到运行设备上面造成故障。

（4）有土建、扩建、技改等工程作业的变电站，在大（台）风来临前运维人员应加强对正在施工场地的检查，重点检查材料堆放、脚手架稳固、护网加固、临时孔洞封堵、缝隙封堵、安全措施等情况，发现隐患要求施工单位立刻整改，防止设施机械倒塌或者坠落事故，防止雨布、绳索、安全围栏绳吹到带电设备上引发事故。

2.4.4 防寒管理

（1）应根据本地区的气候特点和现场实际，制定相应的变电站设备防寒预案和措施。

（2）秋冬交季前、气温骤降时应检查充油设备的油位、充气设备的压力情况。

（3）对装有温控器的驱潮、加热装置应进行带电试验或用测量回路的方法进行验证有无断线，当气温低于5℃或湿度大于75%时应复查驱潮、加热装置是否正常。

（4）根据变电站环境温度及设备要求，检查温控器整定值，及时投、停加热装置。

（5）冬季气温较低时，应重点检查开关机构箱、变压器控制柜和户外控制保护接口柜内的加热器运行是否良好、空调系统运行是否正常，发现问题及时处理，做好防寒保温措施。

（6）变电站容易冻结和可能出沉降地区的消防水、绿化水系统等设施应采取防冻和防沉降措施。消防水压力应满足变电站消防要求并定期检查，最低不应小于0.1MPa；绿化水管路总阀门应关闭，下级管路中应无水，注水阀应关闭。

（7）检查设备室内采暖设施运行正常，温度在要求范围。

2.4.5 防高温管理

（1）应根据本地区气候特点和现场实际，制定相应的变电站设备防高温预案和措施。

（2）气温较高时，应对主变压器等重载设备进行特巡；应增加红外测温频次，及时掌握设备发热情况。

（3）运维人员应在巡视中重点检查设备的油温、油位、压力及软母线弛度的变化和管型母线的弯曲变化情况。

（4）高温天气来临前，运维人员应带电传动试验通风设施和空调、降温驱潮装置的自动控制系统等，发现问题及早消缺。

（5）加强高温天气下，设备冷却装置、通风散热设施的运维工作。应按照班组工作计划，按时开启设备室的通风设施和降温驱潮装置；并定期进行传动试验及变压器的冷却系统工作电源和备用电源定期轮换试验等工作。

（6）加强端子箱、机构箱、汇控柜等箱（柜）体内的温湿度控制器及其回路的运维工作，定期检查清理箱体通风换气孔。对没有透气孔的老式端子箱应加装透气孔。重点检查加热驱潮成套装置超越设定限值时，温湿度自动控制器能够自动启停。

（7）夏季高温潮湿天气下，应检查设备室温湿度测试仪表是否工作正常，指示的温度、湿度数据是否准确否则应予更换。

（8）高温天气期间，二次设备室、保护装置在就地安装的高压开关室应保证室温不超过30℃。

（9）智能控制柜应具备温度湿度调节功能，柜内最低温度应保持在+5℃以上，柜内最高温度不超过柜外环境最高温度或 40℃（当柜外环境最高温度超过 50℃时）。

2.4.6　防潮管理

（1）各设备室的相对湿度不得超过 75%，巡视时应检查除湿设施功能是否有效。

（2）智能控制柜应具备温度/湿度调节功能，柜内湿度应保持在 90%以下。

（3）天气温差变化大时，定期检查变电站端子箱、机构箱、汇控柜内封堵、潮湿凝露情况，必要时采取除湿措施。

（4）根据变电站环境温度及设备要求，重点检查防潮防凝露装置，及时投、停加热装置。

2.4.7　防小动物管理

（1）高压配电室（35kV 及以下电压等级高压配电室）、低压配电室、电缆层室、蓄电池室、通信机房、设备区保护小室等通风口处应有防鸟措施，出入门应有防鼠板，防鼠板高度不低于 40cm。

（2）设备室、电缆夹层、电缆竖井、控制室、保护室等孔洞应严密封堵，各屏柜底部应用防火材料封严，电缆沟道盖板应完好严密。各开关柜、端子箱和机构箱应封堵严密。

（3）各设备室不得存放食品，应放有捕鼠（驱鼠）器械（含电子式），并做好统一标识。

（4）通风设施进出口、自然排水口应有金属网格等防止小动物进入措施。

（5）变电站围墙、大门、设备围栏应完好，大门应随时关闭。各设备室的门窗应完好严密。

（6）定期检查防小动物措施落实情况，发现问题及时处理并做好记录。

（7）巡视时应注意检查有无小动物活动迹象，如有异常，应查明原因，采取措施。

（8）因施工和工作需要将封堵的孔洞、入口、屏柜底打开时，应在工作结束时及时封堵。若施工工期较长，每日收工时施工人员应采取临时封堵措施。工作完成后应验收防小动物措施恢复情况。

2.4.8　防外力破坏管理

（1）加强变电站门禁及安全保卫管理，做好变电站防外力破坏、防恐事故预案和演练工作。

（2）定期检查变电站围墙、栅栏有无破损，装设的屏障、遮栏、围栏、防护网等警示牌齐全，检查安全监控系统、视频监控系统等告警、联动功能可靠。

（3）定期检查变电站内电缆及电力光缆的保护套管，隧道、沟道井盖保护盖板完好。

（4）定期检查变电站围墙孔洞的金属网应完好，锈蚀损坏后应及时维修。

（5）应建立变电站周边树木、大棚、彩钢板房等隐患台账，并会同电力设施保护部门及时下达隐患整改通知书。

（6）熟知报警电话，遇有恐怖破坏人员袭击变电站等危急情况时，应及时报警。

2.4.9 危险品管理

（1）站内的危险品应有专人负责保管并建立相关台账。

（2）各类可燃气体、油类应按产品存放规定的要求统一保管，不得散存。

（3）备用六氟化硫（SF_6）气体应妥善保管，对回收的六氟化硫（SF_6）气体应妥善收存并及时联系处理。

（4）六氟化硫（SF_6）配电装置室、蓄电池室的排风机电源开关应设置在门外。

（5）废弃有毒的电力电容器、蓄电池要按国家环保部门有关规定保管处理。

（6）设备室通风装置因故停止运行时，禁止进行电焊、气焊、刷漆等工作，禁止使用煤油、酒精等易燃易爆物品。

（7）蓄电池室应使用防爆型照明、排风机及空调，通风道应单独设置，开关、熔断器和插座等应装在蓄电池室的外面，蓄电池室的照明线应暗线铺设。

3

变电设备的运行

3.1 断路器的巡视与运行分析

3.1.1 断路器的巡视检查

断路器是变电站高压电气设备中重要的设备之一，它的主要作用是切合工作电流和及时断开该回路的故障电流。断路器在电气设备、线路或系统发生故障时，与保护装置相配合将故障部分从电网快速切除，以减小停电范围，防止事故扩大，保证电网无故障部分正常运行。因此，断路器的操作和动作较为频繁，对断路器进行正确操作依靠经常性的巡视检查和检修来保持其性能尤为重要。实践证明，对断路器在运行中巡视检查，特别对容易造成事故的部位如操动机构、出线套管等的巡视检查，大部分缺陷可以被发现。因此，运行中的监视和巡视检查是十分重要的。

1. 断路器的一般巡视项目

（1）油位检查。在少油断路器中，油起着灭弧的作用。在多油断路器中，油有灭弧和绝缘的双重作用。因此，断路器和充油套管运行中必须保持正常油位。正常油位在断路器油位计规定的两条红线之间。

（2）油位计的检查。检查断路器和充油套管的玻璃油位计有无裂纹或破损，耐酸橡皮垫是否合适，有无腐蚀、软化、膨胀现象，盘根处有无渗漏油，油位计中是否有油污和油的沉淀物等。

（3）油色的检查。运行中的油应当清澈鲜明，一般是淡黄色。

（4）断路器渗漏油检查。渗漏油会形成油污，降低瓷件的绝缘强度。漏油严重会使断路器油位降低，油量不足。

（5）瓷套管检查。检查瓷套管是否清洁，有无裂纹、破损和放电痕迹。

（6）连接软铜片和绝缘拉杆的检查。对于具有软铜片连接的断路器，还应检查连接软铜片是否完整，有无断片。拉杆绝缘子或绝缘拉杆有无断裂。

（7）引线接头及铝板、铜铝过渡板连接的检查。与断路器连接的接头是电路中较薄弱的环节之一。由于接头发热造成电气设备或系统事故是较多的，因此是巡视检查的重点之一。

（8）操动机构的检查。用来接通或断开断路器，并保持其在合闸或断开位置的机械传动机构称为断路器的操动机构。对断路器来说，操动机构是重要部件，也是易出问题的部位。对操动机构检查的项目有：

1）正常运行时，断路器的操动机构应动作良好，断路器分、合闸的位置与机械指示器及红、绿指示灯相符合。

2）操动机构箱的门或盖应关闭良好。

3）操动机构应清洁完整无锈蚀，连杆、拉杆绝缘子、弹簧等亦完整，断路器手动跳闸脱扣机构完整灵活。

4）液压指示正常，无渗漏现象。

5）端子箱内二次线和端子排完好，无受潮、锈蚀现象。

（9）检查断路器套管引线有无因接触不良引起的放电声。

（10）有无因套管污损产生的放电声。

（11）油箱内有无"吱吱"放电声或油的翻滚声。

（12）检查分、合闸线圈有无焦臭味，若有异味应进一步检查是否冒烟、烧伤，连接引线是否烧断等。

2. 断路器的特殊巡视项目

（1）在系统或线路发生事故使断路器跳闸后，应对断路器进行下列检查：

1）检查有无喷油现象，油色和油位是否正常。

2）检查油箱有无变形等现象。

3）检查各部位有无松动、损坏，瓷件是否断裂等。

4）检查各引线接点有无发热、熔化等。

（2）高峰负荷时应检查各发热部位是否发热变色、示温蜡片熔化脱落。

（3）天气突变、气温骤降时，应检查油位是否正常，连接导线是否紧密等。

（4）下雪天应观察各接头处有无融雪现象，以便发现接头发热。雪天、浓雾天气，应检查套管有无严重放电闪络现象。

（5）雷雨、大风过后，应检查套管瓷件有无闪络痕迹、室外断路器上有无杂物、导线有无断股或散股等现象。

3.1.2　断路器的运行条件

（1）各类型高压断路器，允许按额定电压和额定电流长期运行。

（2）断路器的负荷电流一般不超过其额定值。在事故情况下，断路器过负荷也不得超过10%，时间不得超过4h。

（3）断路器安装地点的系统短路容量不应大于其铭牌规定的开断容量。当有短路电流通过时，应能满足热、动稳定性能的要求。

（4）严禁将拒绝跳闸的断路器投入运行。

（5）断路器跳闸后，若发现绿灯不亮而红灯已熄灭，应立刻去下断路器的控制熔断器，防止跳闸线圈烧毁。

（6）严禁对运行中的高压断路器施行慢合、慢分试验。

（7）断路器在事故跳闸后，应进行全面、详细的检查。对切除短路电流跳闸次数达到一定数值的高压断路器，应视具体情况进行临时检修。未能及时停电检修时，应申请停用重合闸。对于 SF_6 断路器和真空断路器应视故障程度和现场运行情况来决定是否临检。

（8）断路器无论是什么类型的操动机构（电磁式、弹簧式、气动式、液压式），均应经常保持足够的操作能源。

（9）采用电磁式操动机构的断路器禁止用手动杠杆或千斤顶的办法带电进行合闸操作。采用液压（气压）式操动机构的断路器，如因为压力异常导致断路器分、合闸闭锁时，不准擅自解除闭锁进行操作。

（10）断路器的金属外壳及底座有明显的接地标志并可靠接地。

（11）断路器的分、合闸指示器应易于观察，且指示正确。

（12）所有断路器绝对不允许再带有工作电压时使用手动机构合闸，或手动就地操作按钮合闸，以避免合于故障电路时引起断路器爆炸和危及人身安全。对油断路器，只有在遥控合闸失灵又需紧急运行且肯定电路中无短路和接地时，操作人员可站在墙后或金属遮板后，进行手动机械合闸，以防止可能的喷油。对空气断路器而言，可手动就地操作按钮合闸。

（13）所有运行中的断路器，禁止使用手动机械分闸或手动就地操作按钮分闸。只有在遥控跳闸失灵或发生人身及设备事故而来不及遥控断开断路器时，方可允许手动机械分闸（油断路器）或者就地操作按分闸（空气断路器）。对于装有自动重合闸的断路器，在条件可能的情况下，还应先解除重合闸后再行手动跳闸，若条件不可能时，应在手动分闸后，立即检查是否重合上了，若已重合上应再手动分闸。

（14）明确断路器的允许分、合闸次数，以保证一定的工作年限。根据标准，一般断路器允许空载分、合闸次数（也称机械寿命）应达 1000~2000 次。为了加长断路器的检修周期，断路器还应有足够的电寿命即允许连续分、合短路电流或负荷电流的次数。一般来说，装有自动重合闸的断路器，在切断 3 次短路故障后，应将重合闸停用。断路器在切断 4 次短路故障后，应对断路器进行计划外检修，以避免断路器再次切断故障电流时造成断路器的损坏或爆炸。

（15）禁止将有拒绝分闸缺陷或严重缺油、漏油、漏气等异常情况的断路器投入运行。若需紧急运行，必须采取措施，并得到上级运行领导的同意。

（16）对采用空气操作的断路器，其气压应保持在允许的调整范围内，若超出允许范围，应及时调整，否则停止对断路器的操作。

（17）一切断路器均应在断路器轴上装有分、合闸机械指示器，以便运行人员在操作或检查时用它来校对断路器断开或合闸的实际位置。

（18）在检查断路器时，运行人员应注意辅助接点的状态。若发现接点在轴上扭转、接点松动或固定触片自转盘脱离，应紧急检修。

（19）检查断路器合闸的同时性。因调整不当、拉杆断开或横梁折断而造成一相未合闸，在运行中会引起"缺相"。运行人员发现此情况时应立即停止运行。

（20）多油断路器的油箱或外壳应有可靠接地。运行人员作外部检查时，应注意其接地是否良好，尤其在断路器运行中取油样时，更应注意。

（21）少油断路器外壳均带有工作电压，故运行中值班人员不得任意打开断路器室的门或网状遮栏。

3.1.3 SF_6 断路器及 GIS 配电装置的运行维护

（一）SF_6 断路器的巡视

（1）检查 SF_6 气体压力是否保持在额定表压，如压力下降即表明存在漏气现象，应及时查处泄漏位置并进行消除，否则将危及人身及设备安全。

（2）检查外部瓷件有无破损、裂纹和严重污秽现象。

（3）检查接触端子有无发热变色，如有应立即停电退出，进行消除后方可继续运行。

（4）在投入前应检查操动机构是否灵活，分、合闸指示及红绿灯信号是否正确。

（5）运行中应严格防止潮气进入断路器内部，以免由于电弧产生的氟化物和硫化物与水作用，对断路器结构材料产生腐蚀。

（二）GIS 设备的巡视检查

用 SF_6 气体绝缘的设备可免除外界环境，诸如温度、湿度及大气污染等因素的影响，并能保持设备在良好的条件下运行。这是由于 SF_6 气体具备了优良的绝缘和灭弧性能。其触头和其他零部件的使用寿命更长，结构更简单，机构部分的协调性和可靠性更高。显然 SF_6 气体绝缘设备较一般通用电气设备的各方面特性都优越的多，一般情况下，设备无需修理，并具有检修周期长的特点。GIS 巡视检查的目的是保护 SF_6 气体绝缘设备及其他附属设备的性能以及预防故障的发生。

从 SF_6 全封闭组合电器的结构特征出发，其检查要点就是通过 SF_6 气体的压力和人的各种直接感觉来发现金属罐内部主回路的异常情况。另外，操动机构和金属罐外部结构件的检查要点与非 SF_6 气体绝缘的电器相同。巡视检查内容如表 3.1 所示。

表 3.1　　　　　　　　　　　　SF_6 气体绝缘设备巡视检查项目表

检查项目	检查内容及技术要求	备　　注
外观检查	操作次数指示器、分合闸指示灯的指示应正常	与设备运行状态一致
	有无异常响声或气味发出	
	接头处是否有过热而变色	采用红外测温仪检测
	瓷套管是否有爆裂、损坏或污损情况	
	接地的支架外壳是否损伤或锈蚀	

检查项目	检查内容及技术要求	备　注
操作装置和控制屏	压力表的指示是否正常	通过对操作箱和对控制屏的观察
	空气压缩机操作仪表指示是否正常	通过正面观察
空气泄漏	空气系统是否有漏气的声响	通过听、看等方法检查
排水	对气罐与管道进行排水	

（三）SF_6 断路器的泄漏管理

现场使用的国产 LW3-10 系列产品，只要运行 1~2 年，SF_6 气体泄漏问题便是普遍现象。为此，在现场运行规程中重申，运行中的 SF_6 断路器每隔 6 个月（选择最低温度下）要现场检漏一次，折算年泄漏率在 3% 以下为正常，超过 5% 视为一般缺陷，需加强泄漏监督，超过 20% 的退出运行，大修或退货。

由于现场尚无精度较高的检漏设备，所以通常是依靠观测 SF_6 断路器气室的压力表来判断。SF_6 的年泄漏率计算公式为：

$$Leak_{SF_6}\% = \frac{P_1 - P_2}{P_1} \times \frac{12}{M} \times 100\% \qquad (3-1)$$

式中，$Leak_{SF_6}$ 为 SF_6 的年泄漏率；P_1 为前一次观测气体密度值；P_2 为后一次观测气体密度值；M 为观测周期，以月份计。

（四）微水测定

（1）SF_6 断路器微水测定。SF_6 断路器气体中水分的存在不仅影响灭弧和绝缘性能，且低温运行时极易结露引起 SF_6 断路器的事故。水分的存在使得 SF_6 气体受电弧分解时产生大量的有毒氟化物气体，威胁人体健康。因此，运行中 SF_6 气含水数量规定不能超过 30×10^{-4}（体积比）。

SF_6 断路器内部水分的主要来源有：

1）SF_6 新气中含有的水分，含量不超过 8×10^{-6}（体积比）。

2）设备组装时进入的水分。

3）固体绝缘物件中释放出的水分。

4）运行中透过密封件渗入的水分。

5）运行中多次补气，测试过程中进入的水分。

6）气室内吸附剂失效。

（2）GIS 微水含量检测。一般使用专用的电解温度计，如贝克曼温度计，使需分析的气体的一部分流过仪器来测其含水量，测得的读数以测量时环境温度下，水与气体容积比的百万分之一表示。其体内允许的含水量的限度以 20℃ 时的数值表示，一般厂家提供不同温度的含水量曲线，当测量的数值低于曲线所允许的含水量时，则认为合格。

GIS 的含水量在设备安装之后测得的数值一般很小，运行几个月之后复测，一般都有较大的升高，半年之后趋于稳定，只要半年以后的含水量不超标，则 GIS 可稳定运行相当长时间，除非 GIS 发生大的泄漏和故障。

SF$_6$ 气体中微水测试的方法很多，重量法相对有效，现场测试受环境温度、接口、连接管路、操作方法等因素影响很大，尤其是测试用的连接管路应采用不锈钢或聚氯乙烯管并尽可能的短，使用前应用电热风吹干和用纯净的氮气吹滤充分干净后方可使用。

3.2 组合电容器的巡视与运行分析

3.2.1 组合电容器简介

（一）并联补偿

并联电容补偿装置由电容器构成，由于其吸收容性电流，抵偿电源的感性电流，故可以提高电源的功率因数和母线电压，减少电网的有功损耗。并联电容补偿装置可用断路器或者晶闸管（可控硅）投切，可阶梯性调节。图3.1为并联电容补偿装置与系统的一种连接方式图。

并联电容补偿装置组成三相接线时，可以连接成单星形、双星形、单三角形和双三角形，以满足不同的补偿要求。各相电容之差，不得超过一相的5%。为了释放断电时的残余电荷，还必须要安装并联放电装置，一般用电压互感器代替，可兼测电压。

根据实际接入电容器母线上的谐波情况，为了避免某次电压源谐波的谐振和某次电流源谐波的放大以及降低合闸涌流，需接入数值适当的电感。例如，对于限制三次以上谐波选用电抗器电抗12%到13%的 X_c（X_c 为电容器电抗）。

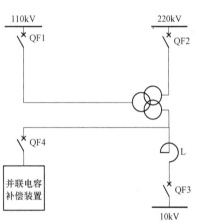

图3.1 并联电容补偿装置与系统的一种连接方式示意图

（二）串联补偿

单个串联补偿电容器，因制造的额定电压较低，所以用于高压需经串并联合，安装于负荷要求的平台上，并安装保护熔断器、放电回路、放电间隙等。根据不同需要，串联补偿于中间站或末端站，串联在高压线路中。110kV 及以下的电网中电容串联补偿装置主要用于改善电压质量，一般可将末端电压提高 10%～20%。仅对于调压而言，它比用于补偿功率因数以改善电压的并联电容器组更直接有效，能更好的调整闭环电网潮流分布；但并联电容补偿对减少线损的效果则更好，使用时二者应根据电网情况进行技术经济比较来决定。

3.2.2 组合电容器的运行

（一）组合电容器运行中允许的过电压

电容器的无功功率、损耗和发热都与运行电压的平方成正比。长时间过电压运行，会导致电容器温度过高，使绝缘介质加速老化而缩短寿命甚至损坏。但温度升高需要时间积累热量。而在运行中，由于倒闸操作、电压调整、负荷变化等因素可能引起电力系统波动，产生过电压。有些过电压幅值虽然较高，但作用时间较短，对电容器影响不大，但不能超过一定时间限度。

（1）运行电压对电容器的影响。电容器的无功功率与电压平方成正比，因此电压变动时对电容器容量会有影响。此外，运行电压升高，会使电容器温度增加，寿命缩短；电压过高也会造成电容器损坏。

电容器运行时的电压允许范围为：电容器必须能在 1.05 倍额定电压下长期运行，并在一昼夜中，在最高不超过 1.1 倍额定电压下允许运行时间不超过 6h。但当周围空气温度 24h 平均最高低于标准 10℃时，电容器能在 1.1 倍额定电压下长期运行。

（2）电压波形畸变和升高对电容器的影响。在配电网中由于整流负荷等的影响，常使部分网络中高次谐波电流增加，并使受端母线电压波形畸变。并联电容器将使母线电压高次谐波成分增加，由于容抗 $X_c = 1/2\pi fC$，高次谐波的存在将使容抗下降，产生较大的高次谐波电流，使电容器组严重过电流。

（二）组合电容器运行中允许的过电流

电容器的过电流，除了因过电压引起的工频过电流外，还有电网高次谐波电压引起的过电流。因此，设计电容器的允许过电流的限额比过电压的限额高。电容器允许长期运行的过电流倍数为 1.3，即可超出额定电流 30%长期运行。其中的 10%为允许工频过电流；20%为留给高次谐波电压引起的过电流。

谐波的限制通常采用裂相整流的方法（如变为 12 相或 36 相整流）或者采用在电容器回路串联小电抗器的方法。

（三）组合电容器运行温度

电容器运行温度是保证电容器安全运行和到达正常使用寿命的重要条件之一。

电容器的绝缘介质依照材料和浸渍的不同，都有规定的最高允许温度。例如，对于用矿物油浸渍的纸绝缘，最高允许温度为 65～70℃，正常监视时可用示温蜡片贴在外壳上间接监视，监视温度为 60℃；对于用氯化苯浸渍时，则最高温度允许值为 90～95℃，正常监视外壳温度为 80℃。

此外，温度过低也同样对电容器不利，低温下会使电容器介质游离，电压下降，甚至可能凝固，如此时投入允许，因中心温度升高快，体积膨胀可能开裂。

但是如果在严寒季节退出运行，则可能使内部产生真空。故对 YL 型电容器规定为 −25～40℃。

温度对于电容器运行是一个极为重要的因素。电容器设计的热计算，是以绝缘介质所能长期承受的最大温度为依据。运行温度过高，会使寿命缩短，甚至引起介质击穿损坏。电容器由于散热的关系，电容器内部元件的最热点在元件的中心，运行中要测量元件最热点的温度是不易实现的，因此只能从外壳的温度来间接监视元件的温升。电容器周围的环境温度应该按照制造厂的规定进行控制。若无厂家规定，一般应为 −40～40℃。

电容器外壳最热点的允许温度也要遵守制造厂的标准。

3.2.3　组合电容器的巡视

（一）新装组合电容器投入运行前的检查

（1）新装电容器组投入运行前应该按交接试验项目试验，并合格。

（2）电容器及放电设备外观检查应良好，无渗油、漏油现象。

（3）电容器组的接线正确，电压应与电网额定电压相符合。

（4）电容器组三相间容量应平衡。其误差不应超过一相总容量的 5%。

（5）各连接点应接触良好，外壳及构架接地的电容器组与接地网的连接应牢固可靠。

（6）放电电阻的阻值和容量应符合规程要求，并经试验合格。

（7）与电容器组连接的电缆、断路器、熔断器等电气元件应经试验合格。

（8）电容器组的继电保护装置应经校验合格、定值正确并置于投入运行位置。

（9）此外，还应检查电容器安装处的建筑结构，其通风设施要合乎规程要求。

（二）运行中的组合电容器的巡视

对运行中的电容器组应进行日常巡视检查、定期停电检查以及特殊巡视检查。

电容器组的日常巡视检检查，应由变、配电室的运行值班人员进行。有人值班时，每班检查一次；无人值班时，每周至少检查一次。夏季应在室温最高时进行，其他时间可在系统电压最高时进行。如果不停电检查有困难时，可以短时间停电以便更好的进行检查。运行中巡视检查主要应注意观察电容器外壳有无膨胀、漏油的痕迹，有无异常的声响及火花；熔丝是否正常；放电指示灯是否熄灭；将电压表、电流表、温度表的数值计入运行记录簿，对发现的其他缺陷也应进行记录。

上述巡视检查如须将电容器组停电时，除电容器组自动放电外，还应进行人工放电，否则运行值班人员不能触及电容器。

电容器组的定期停电检查应每季一次，其检查内容除日常巡视检查项目外，还应检查各螺丝连接点的松紧及接触情况；检查放电回路的完整性；检查风道有无积灰并清扫电容器的外壳、绝缘子以及支架等处的尘土；检查电容器外壳的保护接地线；检查电容器组继电保护装置的动作情况、熔断器的完整性；检查电容器组的断路器、馈线等。

当电容器组发生短路跳闸、熔丝熔断等现象后，应立即进行特殊巡视检查。检查项目除上述各项以外，必要时应对电容器进行试验，在查不出故障电容器或断路器跳闸熔丝熔断原因之前，不能再次合闸送电。

巡视检查的项目主要有：

（1）检查电容器组所在的母线电压，应不超过额定电压的 110%（一般不宜超过105%），否则应停用电容器。

（2）检查通过电容器的三相电流，应平衡。为了延长电容器的寿命，防止电容器损坏，要求通过电容器的电流不超过 $130\%I_N$（包括谐波分量），否则应停用电容器。为了检查方便，通常可在三相电流表上将极限允许电流值用红线或其他形式加以标明。

（3）检查外壳，不应有鼓胀、渗漏油等现象。

（4）检查声音，电容器内部应无放电声或其他异常声音。

（5）检查绝缘子和瓷套管，应清洁、完好、无损伤和放电痕迹。

（6）检查电容器的环境温度。最高不应超过 40℃，电容器外壳温升一般不应超过 15～20℃，即外壳最高温度不应超过 55～60℃。在正常情况下，室内电容器当环境温度达到25℃时应启动排风扇；最低环境温度不应低于－40℃，否则应停用电容器。

（7）检查各电气接头，应接触良好，无发热现象。

（8）三相指示灯即放电变压器二次信号灯应亮。

（9）检查放电间隙、放电电阻（放电变压器或电压互感器）、熔断器及避雷器等保护设备应完好。

（10）检查安装电容器组的构架以及保护网应完好，防止小动物进入造成故障。

（11）若必须测电容器极间对地绝缘，应先放电。测极间电容时，应先将绝缘电阻表转到规定转速后，将引线接到两极（注意高压电击），直到指针稳定才能读数，并在拆下引线后，才能停转绝缘电阻表，最后进行放电。

（12）如电容器置于绝缘台上，停电后，如需初级，外壳对地亦应放电。

3.2.4　组合电容器的操作

（一）组合电容器的操作要求

（1）正常情况下全站停电操作时，应先断开电容器断路器，后断开各路出线断路器。恢复送电时，应先合各路出线断路器，后合电容器组的断路器。事故情况下，全站无电后必须将电容器开关断开。

这是因为变电站母线无负荷时，母线电压可能较高，有可能超过电容器的允许电压，对电容器的绝缘不利。另外，电容器组可能与空载变压器产生铁磁谐振而使过电流保护动作。因此应尽量避免无负荷空投电容器这一情况。

（2）电容器开关跳闸后不应抢送，保护熔丝熔断后，在未查明原因之前也不准更换熔丝送电。

这是因为电容器组开关跳闸或熔丝熔断都可能是电容器故障引起的。只有经过检查确系外部原因造成的跳闸或熔丝熔断后，才能再次合闸试送。

（3）电容器组禁止带电合闸。电容器组切除 3min 后才能进行再次合闸。在交流电路中，如果电容器带有电荷时合闸，则可能使电容器承受两倍左右的额定电压峰值，甚至更高。这对电容器是有害的，同时也会造成很大的冲击电流，使开关跳闸或熔丝熔断。因此，电容器组每次切除后必须随即进行放电，待电荷消失后方可再次合闸。一般来说，只要电容器组的放电电阻选的合适，那么 1min 左右即可达到再次合闸的要求。所以电气设备运行管理规程中规定，电容器组每次重新合闸，必须于电容器组断开 3min 后进行。

1）任何额定电压的电容器组禁止带电荷合闸，电容器组每次重新合闸必须在其放电完毕后方可进行。

2）为了防止电容器组带电荷合闸和操作人员触电而发生危险，应在电容器与电源断开时，立即对电容器组进行放电，必须用装于绝缘棒上的接地金属棒对电容器单独放电。

3）操作过电压是运行电容器断开时所产生的，它对电容器的使用寿命和安全运行影响很大。所以，在未采取有效的降低操作过电压措施之前，应尽量减少操作次数。

（二）组合电容器的投入或退出要求

（1）电容器的投切，一般应按就地补偿无功功率、无功不倒送系统的原则进行。其具体操作应按规定电压曲线及有关参数进行。正常情况下并联电容器组的投入或退出运行应根据系统无功负荷潮流或负荷的功率因数及电压情况决定，当功率因数低于 0.9 时投入电容器组，功率因数高于 0.95 且有超前趋势时，应退出部分电容器组。

（2）当电容器组母线电压高于额定电压的 1.1 倍或电流大于额定电流的 1.3 倍以及电容器组室温超过 40℃，电容器外壳温度超过 60℃，均应将其退出运行。

（3）假如变电站装有无载调压的变压器，当母线电压超出下限时，运行人员应投入电容器；当母线电压超出上限时，运行人员应切除电容器。变电站装有载调压的变压器时，变压器分接开关的调整和电容器的投切应配合，可以分为下列几种情况进行讨论：

1）电压在规定的上下限之间，而无功过多或不足时，应当切除或投入电容器。

2）电压超上限，当无功不足时，应先调变压器分接开关，再投入电容器；当无功合适时，应调变压器分接开关；当无功过多时，应先切除电容器，再调整变压器分接开关。

3）电压超下限时，当无功不足时，应先投入电容器，再调整变压器分接开关；当无功合适时，应调整变压器分接开关；当无功过多时，应先调整分接开关，再切除电容器。

4）电容器停止运行后，一般至少应放电 3min，方可再次合闸送电。

3.2.5 组合电容器的故障处理

（1）当电容器发生下列情况之一时，应立即切断电源进行拆除或更换：

1）电容器外壳膨胀或漏油。

2）套管破裂或闪络放电。

3）电容器内部有异声。

4）外壳温度超过 55℃，示温蜡片脱落。

5）密集型电容器油温超过 65℃，或压力释放阀动作。

（2）电容器熔断器熔断。当发现电容器熔断器熔断后，值班员应向当值调度员汇报，待取得同意更换熔断器后，拉开电容器的断路器和隔离开关，对其进行充分放电，并做好有关接地等安全措施。检查电容器套管有无闪络痕迹，外壳是否变形、漏油，外接汇流排有无短路现象等。最后用绝缘电阻表检查电容器极间和极对地的绝缘电阻值是否合格，若未发现故障现象，可换上符合规格的熔断器后将电容器投入运行。如送电后熔断器仍熔断，则应退出故障电容器，为保证三相电容值平衡，还应退出非故障相的部分电容器。拆除安全措施，然后恢复电容器组的供电。

（3）电容器断路器跳闸（熔断器未熔断）。电容器开关跳闸后应检查断路器、电流互感器电力电缆及电容器外部情况，若无异常情况，可以试送。否则应对保护做全面通电试验，如仍查不出原因，就需拆开电容器逐个试验，未查明原因之前不得试送。

（4）电容器着火及引线发热。电容器着火，应断开电容器电源，并在离着火的电容器较远一端（如电力电缆配电装置端）放电，经接地后用四氯化碳、干粉灭火剂等灭火。运行中的电容器引线如果发热至烧红，则必须立即退出运行，以免事故扩大。

（5）电力电容器常见故障及处理见表3.2。

表 3.2　　　　　　　　　　　　电容器常见故障及处理一览表

故障情况	现　象	处理方法
电容器内部异常	漏油，套管损伤，外壳变形或损伤，有异常音响、异臭、温度异常，继电保护动作，熔丝熔断、电容量异常，绝缘电阻下降	补漏或更换电容器
装置电压过高	电容器温度升高，电流指示增大	切换变压器分接头，使电压降低
电容器极对外壳短路接地	漏油，套管损伤，异音，噪声，继电保护动作，熔断器熔断，电容量异常，绝缘电阻下降	清除短路接地点及闪络处或更换电容器
高次谐波流入	端子过热变色，外壳变形，异音，噪声，温度升高，电流指示增大，断电保护动作	根据谐波次数装设串联电抗器
端子安装不牢	端子过热变色，异音，噪声，异臭，电流指示异常	端子接线拧紧装牢
绝缘油裂化	绝缘电阻下降	换油或更换电容器
油量过少	漏油，油面降低，温度上升，绝缘电阻下降	补充油或更换电容器
断路器未合好	异音，噪声，电流指示异常	检修或更换断路器
电容器选择不当	端子过热变色，温度升高，电流指示异常，保护动作，熔断器熔断	更换适当规格的电容器
涌流过大	异音，熔断器熔断	装串联电抗器
性能自然老化	漏油，油面降低，绝缘电阻下降	更换新电容器

3.3　互感器的巡视与运行分析

互感器分为电压互感器和电流互感器，原理如同电力变压器。其用途为：与仪表和继电器配合，测量高压电路的电流、电压、电能等参数和保护过电流、过电压等故障；隔离高压电路，保障工作人员与设备安全。其二次侧额定值统一，以便二次设备的标准化。

3.3.1　电压互感器的运行条件

（1）电压互感器在额定容量下能长期运行，但是在任何情况下都不允许超过最大容量运行。

（2）电压互感器二次绕组的负载是高阻抗仪表，二次电流很小，接近于磁化电流，一、二次绕组中的漏阻抗压降也很小，所以，电压互感器在正常运行时接近于空载。

（3）电压互感器在运行中，二次绕组不能短路。如果电压互感器的二次绕组在运行中短路，那么二次侧电路的阻抗大大减小，就会出现很大的短路电流，使二次绕组因严重发热而烧毁。因此，在运行中值班人员必须注意检查二次侧电路是否有短路现象，并及时消除。

值班人员必须对运行中的电压互感器进行检查；高、低压侧熔断器应良好，如发现有发热及熔断现象，应及时处理。二次绕组接地线应无松动及断裂现象，否则会危及仪表和人身安全。

（4）电压互感器接地运行的时间不作规定，电压互感器在制造时做到承受 1.9 倍额定电压 8h 而无损伤，即已考虑到电网一相接地时，未接地两相的电压升高对电压互感器的影响。此外，正常运行时，铁芯磁通密度取 7000～8000GS，当电网一相接地，未接地相电压升高达 1.9 倍的额定电压时，其铁芯磁通密度在 14 000～16 000GS，还未达到铁芯饱和程度。因此，电压互感器在电网单相接地时不致过载运行，所以，目前 6～10kV 的电压互感器接地运行时间不作具体的规定。

（5）110kV 电压互感器，一次侧一般不装设熔断器。因为这一类互感器采用单相串级式，绝缘强度高，发生事故的可能性比较小；又因 110kV 及以上系统，中性点一般采用直接接地，接地故障时，瞬时即跳闸，不会过电压运行。同时，在这样的电压等级电网中，熔断器的断流容量亦很难满足要求。在电压互感器的二次侧装设熔断器或自动空气开关，当电压互感器的二次侧及回路发生故障时，使之能快速熔断或切断，以保障电压互感器不遭受损坏及不造成保护误动。熔断器的额定电流应大于负荷电流的 1.5 倍。运行中不得造成二次侧短路。

（6）电压互感器运行电压应不超过额定电压的 110%（宜不超过 105%）。

（7）在运行中弱高压侧绝缘击穿，电压互感器二次绕组将出现高电压，为了保证安全，应将二次绕组的一个出线端或互感器的中性点直接接地，防止高压窜至二次侧对人身和设备造成的危险。根据安全要求，如在电压互感器的本体上或者在其底座上进行工作，不仅要把互感器一次侧断开，而且还要在互感器的二次侧有明显的断开点，避免可能从其他电压互感器向停电的二次回路充电，使一次侧感应产生高电压，造成危险。

（8）油浸式电压互感器应装设油位计和吸湿器，以监视油位在减少油时免受空气中水分和杂质的影响。凡新装的 110kV 及以上的油浸式电压互感器都应采用全密封式的。凡有渗漏油的，应及时处理或更换。

（9）电压互感器的并列运行。在双母线中，如每组母线有一电压互感器而需要并列运行时，必须在母线联络回路接通的情况下进行。

（10）启用电压互感器时，应检查绝缘是否良好，定相是否正确，外观、油位是否正常，接头是否清洁。

（11）停用电压互感器时，应先退出相关保护和自动装置，断开二次侧自动空气开关，或取下二次侧熔断器，再拉开一次侧隔离开关，防止反充电。记录有关回路停止电能计量时间。

3.3.2　电压互感器的巡视检查

（一）日常巡视检查

日常检查一般是每天一次至每周一次的巡视检查。除了肉眼检查外，还可以用耳听或手摸等以人们直接感受为主的方法来检查是否有异常的声音、气味或发热等。日常检查能防止隐患发展重大的事故。因此日常检查是一项十分重要的工作内容。

（1）外观检查。用肉眼检查有无污损、龟裂和变形；油及浸渍剂有无渗漏；连接处是否松动等。对于不同结构的设备，其检查部位不同。

（2）声音异常。互感器中产生的游离放电、静电放电原因引起的声音和铁芯磁滞伸缩引起的机械振动等声音。

有一种放电声音是由于瓷套表面附着有异物而产生的，在电极部位被污染的情况下，就会发生可以听得见的"噼啪、噼啪"之类的声音。

此外，机构性振动的声音有下列几种情况：设备在额定频率 2 倍的频率下振动，与机座一起共振发出"嘭嘭"的声音；因螺栓帽等松动引起共振而能听到大的声音。在这些情况下，重要的是迅速查明发出异常声音的原因并及时进行处理。

（3）异常气味。对于气味也应经常留意，这对预防电力设备的重大事故是有价值的。

分辨异常气味时应弄清是哪一类设备发出的，如干式互感器在绝缘物老化时发出烧焦的气味；油浸式设备发出所漏出油的气味。同时，重要的是立刻查明原因，进行相应处理。

（二）定期检查

定期检查应力求每一年进行一次，对于无人值班的变电站等无法实行平时检查的设备，定期检查就更为重要。另外，长期积累的检查资料，是做出判断的重要参考资料。

（1）外观检查。与平时检查相同。

（2）测量绝缘电阻。应分别测量设备本身和二次回路的绝缘电阻。设备本身绝缘电阻的判断标准，会因设备结构和一、二次回路的不同而有所差异，同时受到湿度、灰尘附着情况等外部环境的影响，所以仅根据电阻的标准来判断是不充分的，最好以测量数据为基础作如下判断：

1）把绝缘电阻的标准值作为大致目标。

2）在记录定期测量的电阻值的同时，要记下温度、湿度，要求这两项没有比前次测量值有显著降低。

3）测量值应与在同一场所、同一时间测量的相同型号的其他设备相比较，应肯定没有显著的差异。

4）把瓷管、绝缘套管、出线端子等部位清扫干净并达到一定要求后才可测定。

在上述情况下，如确定绝缘电阻有异常，则分析绝缘老化的可能性最大，所以可通过测量相关参数来判断绝缘是否老化。

3.3.3 电压互感器的异常运行及分析

（一）声音及仪表指示异常

正常运行中的电压互感器与变压器一样，也有极轻微的电磁振动声响，处于异常状态下的电压互感器将伴有噪声和其他异常现象。

（1）若电压互感器发出沉重的"嗡嗡"声，同时发现母线电压不平衡、接地线信号动作，说明系统发生故障。若两相电压升高，一相电压降低或为零，应判断为单相接地故障。

（2）若绝缘监视表计两相电压不变，一相电压降低较多，则可能是电压较低相一次侧或二次侧熔断器熔断，或是二次侧回路断线，这时"电压互感器回路断线"光字牌亮，警铃响，接地信号也可能出现。

（3）若两相或三相电压均有升高，且电压互感器声音异常，可能是电压互感器产生谐振过电压。对多次发生谐振过电压的变电站，可在电压互感器开口三角处，并接适当电阻或消谐器，以及高压中性点经消谐电阻接地。

（4）若电压表计指示突然消失，值班人员应迅速检查电流表计和照明是否正常。若电流表计正常，可能是电压互感器本身或二次侧回路发生故障。应迅速检查一、二次侧熔断器是否熔断，二次侧回路是否断线。电压互感器一、二次侧熔断器熔断会使距离保护、方向电流保护、低电压保护等发生误动。

电压互感器高压熔断器熔断的原因主要有：系统发生单向间歇性电弧接地，引起电压互感器铁磁谐振；熔断器长期运行，自然老化熔断；电压互感器本身内部出现单相接地或相间短路故障；二次侧发生短路而二次侧熔断器未熔断，也可能造成高压熔断器熔断。

（二）外观现象

（1）油位过低。运行中的电压互感器油位应正常，油位过低或过高应作相应调整。造成油面过低的原因有：多次放油未作补充；气温突然下降油枕内油量不足，或渗漏油严重使油位过低。

（2）渗漏油。电压互感器大盖胶垫龟裂，放油阀门关闭不严，油标玻璃破损或有裂纹，金属外壳有砂眼，密封紧面螺丝受力不均，都可能引起渗漏油。

（3）电压互感器套管闪络放电。一般是由于其表面污秽严重引起。系统发生单相间歇性接地，产生铁磁谐振引起过电压，使瓷套管闪络。

（4）电压互感器过热冒烟、喷油。说明其内部已发生了严重故障，这时不允许用隔离开关直接切断带故障的电压互感器，应使用上一级断路器将其退出运行。

（三）当发现电压互感器有下列故障现象之一时，应立即停用。

（1）高压熔断器接连熔断 2～3 次。

（2）电压互感器内部发热，温度过高。电压互感器内部匝间、层间短路或接地时，高压熔断器可能不熔断，引起过热甚至可能会冒烟起火。

（3）电压互感器内部有噼啪声或其他噪声。可能是由于内部短路、接地、夹紧螺丝松动引起，主要是内部绝缘破坏。

（4）在电压互感器内或引线出口处有漏油或流胶的现象。此现象可能属内部故障，过热引起。

（5）从电压互感器内发出臭味、冒烟、着火。此情况说明内部发热严重，绝缘已烧坏。

（6）套管严重破裂放电，绕组与外壳之间或引线与外壳之间有火花放电。

（7）严重漏油至看不到油面。严重缺油使内部铁芯露于空气中，当雷击线路或有内部过电压出现时，会引起内部绝缘闪络烧坏互感器。

电压互感器内部故障，电路导线受潮、腐蚀及损伤使二次绕组及接地短路，发生一相接地短路及相间短路等，由于短路点在二次熔断器前面，故障点在高压熔断器熔断之前不会自动隔离。

电压互感器二次绕组及接线发生短路，二次阻抗变小，短路电流很大。此时，高压熔断器一般不一定熔断，内部会有异常声音，二次熔断器拔下也不消失，会很快烧坏。

高压熔断器不是保护电压互感器过载的，而是保护内部短路故障的。所以，内部发生匝间、层间短路等，高压熔断器不一定熔断。而高压熔断器未熔断时，一次绕组上流过大于额定电流很多的故障电流，时间稍长，就会过热、冒烟甚至起火，应尽快将其停用。

电压互感器着火，切断电源后，用灭火器灭火，将故障电压互感器停电，应首先考虑的问题，是防止继电保护（如距离保护等）和自动装置（如自投装置）误动作。应退出可能误动的保护及自动装置，然后停用有故障的电压互感器。同时还要注意，若发现电压互感器高压侧绝缘损坏，严重的内部故障如着火、冒烟等，若高压侧未装熔断器，或者高压熔断器不带限流电阻的，不能用隔离开关直接拉开故障电压互感器，应用断路器切除故障。若用隔离开关隔离故障，可能在拉故障电流时，引起母线短路、设备损坏或人身事故。如果是故障高压熔断器已熔断，或是高压熔断器带有合格的限流电阻时，则可根据现场规程规定，利用隔离开关拉开有故障的电压互感器。

（四）电压互感器回路断线故障处理

"电压互感器回路短断线"光字牌亮，警铃响，有功功率表指示失常，电压表指示为零或三相电压不一致，电能表停走或走慢，低电压继电器动作，低电压继电器动作，周期鉴定继电器发出响声等，这些现象都有可能由于电压互感器一次、二次回路接头松动、断线、电压切换回路辅助触点及电压切换开关接触不良所引起的，或者由于电压互感器过负荷运行，二次回路发生短路，一次回路相间短路铁磁谐振以及熔断器日久磨损等原因引起一次、二次熔断器熔断。除上述现象外，还可能发出"接地"信号，绝缘监视电压表指示值比正常值偏低，而正常相监视电压表上的指示是正常的，这时可判定一次侧熔断器熔断。

处理时需采取以下措施：

（1）将该电压互感器所带的保护与自动装置停用，停用的目的是防止保护误动作。

（2）在检查一次、二次侧熔断器时，应做好安全措施，以保证人身安全，如果是一次侧熔断器熔断时，应拉开电压互感器出口隔离开关，取下二次侧熔断器，并验电、放电后戴上绝缘手套，更换一次侧熔断器。同时检查在一次侧熔断器熔断前是否有不正常现象出现，并测量电压互感器绝缘，确认良好后方可送电。如果是二次侧熔断器熔断，应立即更换，若再次熔断，则不可再调换，应查明原因，如一时处理不好，则应考虑调整有关设备的运行方式。

3.3.4　电流互感器的运行条件

电流互感器的额定容量是用二次额定电流通过额定负载所消耗的功率伏安数表示的，也可用二次负载的阻抗值表示，因其容量是与阻抗成正比的，因此，电流互感器的额定容量为：

$$S_{2N} = I_{2N}^2 Z_{2N} \qquad\qquad (3-2)$$

式中：I_{2N} 为二次侧额定电流；Z_{2N} 为二次侧额定阻抗。

（1）电流互感器在运行中不得超过额定容量长期运行。如果电流互感器过负荷运行，则会使铁芯磁通密度饱和或过饱和，造成电流互感器误差增大，表计指示不正确，不容易掌握实际负荷。此外，当磁通密度增大后，会使铁芯和二次绕组过热，绝缘老化加快，甚至造成损坏等。

（2）电流互感器在运行时，它的二次电路始终是闭合的，二次绕组应该经常接有仪表。当须从使用着的电流互感器上拆除电流表等时，应先将电流互感器的二次绕组可靠的短路，然后才能把电流表接线拆开，以防二次侧开路运行。

（3）电流互感器的负荷电流，对独立式电流互感器不应超过其额定值的 110%，对套管式电流互感器，应不超过其额定值的 120%（宜不超过 110%），如长时间过负荷，会使测量误差加大和绕组过热或损坏。

（4）电流互感器的二次绕组在运行中不允许开路，因为出现开路时，将使二次电流消失，这时，全部一次电流都成为励磁电流，使铁芯中的磁感应强度急剧增加，其有功损耗增加很多，因而引起铁芯和绕组绝缘过热，甚至造成互感器的损坏。此外，由于磁通很大的，在二次绕组中感应产生一个很大的电动势，这个电动势在故障电流作用下，可达数千伏，因此，无论对工作人员还是对二次回路的绝缘都是很危险的，在运行中格外当心。

（5）油浸式电流互感器，应装设油位计和吸湿器，以监视油位和减少油受空气中的水分和杂质影响。

（6）电流互感器的二次绕组，至少应有一个端子可靠接地，防止电流互感器主绝缘故障或击穿时，二次回路上出现高电压，危及人身和设备的安全。但为了防止二次回路多点接地造成继电保护误动作，对电流差动保护等交流二次回路的每套保护只允许有一点接地，接地点一般设在保护屏上。

3.3.5 电流互感器的运行维护

电流互感器运行前的巡视检查

（1）套管有无裂纹、破损现象。

（2）充油电流互感器外观应清洁，油量充足，无渗漏油现象。

（3）引线和二次回路各连接部分应接触良好，不得松弛。

（4）外壳及二次回路一点接地良好，接地线应紧固可靠。

（5）按电气试验规程，进行全面试验合格。

运行中的巡视：

（1）各接头有无过热及打火现象，螺栓有无松动，有无异常气味。

（2）瓷套管是否清洁，有无缺损、裂纹和放电现象，声音是否正常。

（3）对于充油电流互感器应检查油位是否正常，有无渗漏油现象。

（4）电流表的三相指示值是否在运行范围之内，电流互感器有无过负荷运行。

（5）二次绕组有无开路，接地线是否良好，有无松动和断裂现象。

（6）定期校验电流互感器的绝缘情况，如定期放油、化验油质是否符合要求。若绝缘油受潮，其绝缘性能降低，将会引起发热膨胀，造成电流互感器爆炸起火。

（7）当发现运行中的电流互感器冒烟、膨胀器急剧变形（如金属膨胀器明显鼓起）时，应迅速切断有关电源。

（8）电流互感器一次端部引线的接头部位要保证接触良好，并有足够的接触面积，以防止接触不良，产生过热现象。

（9）怀疑存在缺陷的电流互感器，应适当缩短试验周期，并进行跟踪和综合分析，查明原因。

（10）要加强对电流互感器的密封检查（如装有呼吸器的，呼吸系统是否正常，密封胶垫与隔膜是否老化，隔膜内有无积水），对老化的胶垫与隔膜应及时更换。对隔膜内有积水的电流互感器，应对电流互感器绝缘和绝缘油进行有关项目的试验，当确认绝缘已经受潮的电流互感器，不得继续运行。

3.3.6 电流互感器的异常运行及分析

电流互感器二次回路，在任何时候都不允许开路运行。

电流互感器二次电流的大小，决定于一次电流。二次电流产生的磁动势，是平衡一次电流的磁动势的。若二次开路，其阻抗无限大，二次电流等于零，就不能去平衡一次电流产生的磁动势。一次电流就将全部作用于激磁，使铁芯严重饱和。由于磁饱和，交变磁通的正弦变为梯形波，在磁通迅速变化的瞬间，二次绕组上将感应出很高的电压（因感应电动势与磁通变化率成正比），其峰值可达几千伏，甚至上万伏。这么高的电压作用在二次绕组和二次回路上，严重地威胁人身安全，威胁着仪表、继电器等二次设备的安全。

电流互感器二次开路，由于磁饱和，使铁损增大而严重发热，线圈的绝缘会因过热而被烧坏，还会在铁芯上产生剩磁，使互感器误差增大。另外，电流互感器二次开路，二次电流等于零，仪表指示不正常，保护可能误动或拒动。保护可能因无电流而不能反映故障，对于差动保护和零序电流保护等，则可能因开路时产生的不平衡电流而误动作。

（一）故障原因

（1）交流电流回路中的试验接线端子，由于结构和质量上的缺陷，在运行中，发生螺栓与铜板螺孔接触不良，造成开路。

（2）电流回路中的试验端子连接片，由于连接片胶木头过长，旋转端子金属片未压在连接片的金属片上，而误压在胶木套上，致使开路。

（3）修试工作中失误。如忘记将继电器内部触头接好，验收时未能发现。

（4）二次线端子接头压接不紧，回路中电流很大时，发热烧断或氧化过甚造成开路。

（5）室外端子箱、接线盒受潮、端子螺丝和垫片锈蚀过重，造成开路。

（二）电流互感器开路故障检查

电流互感器二次开路故障，可以从以下现象进行检查和判断，发现问题：

（1）回路仪表指示异常降低或为零。如用于测量表计的电流回路开路，会使三相电流表不一致、功率表指示降低、计量表计（电度表）不转或转速缓慢。如果表计指示时有时无，可能使处于半开路（接触不良）状态。

（2）电流互感器本体有无噪声、振动等不均匀的异音。此现象在负荷小时不明显，开路后，因磁通密度增加和磁通的非正弦性，硅钢片振动力很大，响声不均匀，产生较大的噪声。

（3）电流互感器本体有无严重过热，有无异味、变色、冒烟等。负荷小时此现象并不明显。开路时，由于磁通饱和，铁芯发热，外壳温度急剧升高，内部绝缘受损产生异味，甚至冒烟烧坏。

（4）电流互感器二次回路端子、元件线头等有无放电现象。开路时，由于电流互感器二次侧产生高电压，可能使互感器二次接线柱、二次回路元件线头、接线端子等部位放电，严重时造成绝缘击穿。此现象可在二次回路维护工作和巡视时发现。

（5）继电保护误动或拒动。此情况可以在开关误跳闸后或越级跳闸事故发生后，检查原因时发现并处理。

（6）仪表、电能表、继电器等烧坏冒烟。各类仪表、电能表、继电器烧坏，都会使地啊你路互感器二次侧开路。有、无功功率表以及电能表、远动装置的变送器，保护装置的继电器烧坏，不仅使电流互感器二次侧开路，同时也会使电压互感器二次侧短路。应从端子排上将交流电压端子拆下，包好绝缘。

（三）电流互感器二次开路的处理

当发生电流互感器二次开路时，应注意安全，采取一定措施减少一次负荷电流，以降低二次回路的电压。应戴绝缘手套，使用良好的绝缘工具，站在绝缘垫上。同时应注意使用符合实际的图纸，认准接线位置。具体采取以下措施：

（1）发现电流互感器二次开路时，应先分清故障属于哪一组电流回路、开路的相别、对保护有无影响等。立即汇报调度，停用可能误动的保护。

（2）尽量减少一次负荷电流。若电流互感器损伤严重，应通过改变运行方式等方法转移负荷，尽量保证用户不停电进行处理。

（3）尽快采取措施在就近的试验端子上，将电流互感器二次短路，再检查处理开路点。短接时，应使用良好的短接线，并按图纸进行。

（4）若短接时产生火花，说明短接成功。故障点在短接点以下的回路，可进一步查找。

（5）若短接时未产生火花，可能短接无效。故障点存在于短接点之前的回路中，可以逐点向前改变短接点，排查故障点。

（6）在故障范围内，应检查回路有工作时触动过的部位，重点关注容易发生故障的端子及元件。

（7）对检查出的故障，能自行处理的，如接线端子等外部元件松动、接触不良等，可立即处理，然后投入所停用的保护。若开路故障点在互感器本体的接线端子上，对于10kV以下设备应停电处理。

（8）若是无法自行处理的故障（例如继电器内部故障），或无法自行查明的故障，应汇报上级委派专人处理，或改变运行方式转移相关负荷，停电检查处理。电流互感器若出现下列现象，应停电处理，严重时应立即切断电源并汇报上级：

1）内部有放电响声或引线与外壳间有火花放电。

2）温度超过允许值及过热引起冒烟或发出臭味。

3）主绝缘发生击穿，造成单相接地故障。

4）充油式电流互感器发生渗油或漏油。

5）一次或二次绕组发生匝间短路。

6）一次侧接线处松动引起严重过热。

7）瓷质部分严重破裂，影响爬距。

8）瓷质表面有污闪，痕迹严重。

3.4 避雷器的巡视与运行分析

3.4.1 避雷器的简介

避雷器是用来限制过电压幅值的保护电器，并联在被保护电器与地之间。当雷电波沿线路侵入时，过电压的作用使避雷器动作（放电），即导线通过电阻或直接与大地相连，雷电流经避雷器泄入大地，从而限制了雷电过电压的幅值，使避雷器上的残压（避雷器流过雷电流时的电压降）不超过被保护电器的冲击放电电压。为了保证电力系统的安全运行，避雷器应满足的基本要求是：

（1）当过电压超过一定值时，避雷器应动作（放电），使导线与地直接或经过电阻相连接，以限制过电压。

（2）在过电压作用之后，能够迅速截断工频续流（即避雷器放电时形成的放电通道在工频电压下所通过的工频电流）所产生的电弧，使电力系统恢复正常运行。

（3）避雷器灭弧电压不得低于安装地点可能出现的最大对地工频电压。

（4）仅用于保护大气过电压的普通阀型避雷器的工频放电电压下限，应高于安装地点预期操作过电压；既保护大气过电压，又保护操作过电压的磁吹避雷器的工频放电电压上限，在适当增加裕度后，不得大于电网内过压水平。

（5）避雷器冲击过电压和残压在增加适当裕度后，应低于电网冲击电压水平。

（6）保护操作过点电压的避雷器的额定通断容量，不得小于系统操作时通过的冲击电流。

（7）选择氧化锌避雷器的原则与阀型避雷器基本相同，还应注意以下事项：

1）没有间隙，额定电压不得低于工频过电压。

2）保护水平不考虑间隙的放电电压，仅以各种波形的残压与电网绝缘水平相配合。

3）必须校验通断能力。

3.4.2 避雷器的巡视与维护

（一）正常巡视检查

（1）上下部的引线接头是否牢固，有无松动现象。

（2）瓷套外观是否清洁，有无破损、裂纹和放电痕迹，法兰有无裂纹。

（3）避雷器计数器是否良好，动作是否正确。

（4）接地线是否牢固可靠。

（二）雷季前防雷装置投入时的检查和注意事项

（1）通常每年3～10月为雷季。3月前，应将全部避雷器预试合格并复役。

（2）雷季期间运行方式应按雷季运行方式执行。电源联络线路无避雷器则禁止热备用运行。雷电时，禁止进行倒闸操作。

（3）检查避雷针、避雷器接地引下线是否完整，有无锈蚀、断裂。

（4）接地网电阻及单独接地装置的接地电阻应定期测量并合格。

（5）避雷器已经修试合格，组装良好（避雷器安装垂直，均压环水平不歪斜，拉紧瓷瓶串紧固，弹簧调整适当，并做好防松措施），投入时瓷套表面应清洁、干燥。

（6）避雷器引线不断股、线夹牢固。

（7）避雷器计数器密封良好，动作试验合格。

（三）雷击后的巡视检查

（1）检查避雷器计数器是否动作，并作好记录。

（2）避雷器外部是否完好，瓷套有无裂纹、破损，表面有无放电痕迹。

（3）避雷器上部引线接地及引下线是否良好，引线有无放电痕迹、断股等情况。雷雨天气，值班人员需巡视室外高压设备时，应穿绝缘靴，并不得靠近避雷器和避雷针。

3.4.3　避雷器的异常运行分析

避雷器在运行中的异常主要有以下几种：

（1）避雷器上引线或下引线松脱或折断。当有过电压出现时，可能对该避雷器保护范围内的电气设备造成危害（如击穿母线绝缘子，使母线多处对地放电；击穿电压互感器或变压器主绝缘）等。因此，在每年雷雨季节到来之前，应对引线进行检查。在运行中，一旦发现引线松脱，也应尽快处理。

（2）避雷器瓷套管破裂放电。避雷器的瓷套管用于保证避雷器必要的绝缘水平，如果瓷套管发生破裂放电，在雷击时，避雷器将发生爆炸或击穿，所以当发现避雷器瓷套管发生破裂放电，应尽快处理。

（3）避雷器内部有放电声。在工频额定电压的作用下，避雷器内部不应该有任何声音。如果运行中的避雷器内部有异常声音，均应认为避雷器阀片间隙被破坏，失去了防雷保护作用，而且可能会引发单相接地故障。一旦发现此种情况，应立即将避雷器退出运行，并予以更换。

（4）瓷套管表面存在污损。当瓷套管表面出现污损时，会使避雷器的放电特性降低，严重情况下，避雷器会击穿。瓷套管表面污损会成为瓷套管闪络的原因。对于安装在有盐雾及严重污秽地区的避雷器，应定期清扫。另外，用于盐雾地区的瓷表面可涂敷硅脂，并定期水洗。在进行带电清洗的情况下，如是高压避雷器，其间隙制成多层的，在清洗时会使电压分布进一步恶化。这会降低起始放电电压，从而引起避雷器放电或者引起外部闪络事故等危险，所以必须注意。

（5）在线路侧和接地侧的端子上，以及密封结构金属件上有不正常变色和熔孔。这是过电压超过避雷器性能时而动作或由某种原因使避雷器绝缘降低而造成，可能会引起系统停电事故。处理方法是将该避雷器拆除。

3.5　二次回路的巡视与运行分析

3.5.1　二次回路的简介

二次回路是由二次设备如监测仪表、继电器、自动装置、操作开关、按钮、信号设备、控制电缆等构成的电气回路，可分为控制、监测、信号、保护、调节、操作电源等不同的连接回路。其任务是完成对一次回路的监测、控制、调节和保护功能。其中，设备的控制、信号、调节和继电器保护的控制，由直流回路组成；测量仪表和继电保护的反映量，由电压互感器和电流互感器的二次侧输入的交流回路组成。

（一）主变压器二次回路的运行要求

（1）主变压器非全相保护（主变压器有此保护的）在运行中应经常投入，但其仅反映主变压器220kV侧断路器，因此220kV旁路代主变压器断路器运行时，该保护应停用。

（2）运行中主变压器220kV侧断路器发出"三相位置不一致"光字牌时，值班员可先检查电流表和位置指示灯，如未发现问题，则应到现场检查断路器三相位置：

1）断路器三相均在合闸位置时，应立即停用该主变压器的非全相保护，以防误动跳闸，然后向调度和上级汇报。

2）断路器确实非全相运行时，应立即手动合闸一次，使其恢复全相运行。若无效，则立即向调度汇报。

（3）主变压器合闸充电前，应将其差动、重瓦斯保护投跳闸位置，待充电结束后根据要求确定是否退出，但不准同时将差动及重瓦斯保护退出运行。

（4）在正常运行方式下（主变压器分列运行），若电压回路断线，复合电压闭锁及复合电压过流连接片可不退出。

（5）在运行中的主变压器差动回路上进行工作，调整差动电流互感器端子连接片（如旁路线主变压器断路器操作中），或一、二次方式不对应前，应先停用差动保护，待工作结束或操作结束后投入差动保护前应检查：

1）差动继电器接点正常，无不正常响声。

2）相应电流互感器端子连接正确。

3）差动保护跳闸连接片两端对地无异极性电压。

（6）主变压器差动电流回路（包括主变压器套管电流互感器）接线变更、拆动（继保定期检验）或电流互感器更换等工作，应在主变压器充电结束后，将差动保护出口连接片停用，在主变压器额定容量的1/3负荷情况下，且主变压器各侧都带负荷，由保护人员进行"六角相位"及"差压"测试，经分析确认差动回路接线正确，整定无误后，才可重新将差动保护出口连接片投跳闸。

（7）保护人员定期测量气体保护二次回路绝缘及差动继电器的差电压，事先应征得调度同意后，由值班人员将保护暂时停用，但此两项工作应逐项进行，不准同时退出差动保护及气体保护这两个主保护。

（8）气体保护投入跳闸前，在工作结束，变压器各部分空气已放净后，应先完成如下工作：

1）气体继电器内应无气体。

2）气体继电器的蝴蝶阀应开启（若工作时关闭过）。

3）测量气体继电器的跳闸连接片两端对地无异极性电压。

（二）母差保护（固定连接式）的运行要求

（1）因操作等原因需停用母差保护，只需停用母差跳闸连接片。

（2）母联运行，某组母线电压互感器停役，此时母差保护仍可投入运行，但相应的连接片断开，母差保护方式应为"破坏固定连接"。

（3）线路断路器、旁路断路器或主变压器断路器停役检修时，应将该检修单元的母差电流互感器从母差端子箱对应试验端子断开，并在电流互感器侧短路接地，目的是防止电流互感器回路的工作误将试验电流通入母差回路，造成母差被闭锁或误动。另外，还要将该单元的母差跳闸连接片，失灵启动连接片断开，设备复役时再恢复。

（4）断路器复役或电流端子翻动等操作后，都要测量母差不平衡电流，不平衡电流的正常值应大于零，小于10mA。

（5）为防止保护误动，在逻辑回路中的闭锁措施有三个：复合电压闭锁出口回路、电流互感器回路断线闭锁正电源、手动合闸充电闭锁负电源：

1）为了提高母差保护的工作可靠性，防止出口中间误动，在出口回路设复合电压闭锁出口回路。

2）在正常运行中，母差电流互感器回路断线、整套保护不会误动，但同时发生区外故障时，母差保护就会误动。在继电器 1KA、$1KA_0$、KOM 回路设断线闭锁，电流互感器回路断线时 KOM 断开正电源，整套保护被闭锁。

3）手动合闸充电闭锁是防止空母线充电时何在故障母线上造成母差动作。这个闭锁由手合继电器来实现，该继电器动作断开负电源，闭锁母差保护。

（6）母差运行方式，正常运行时为固定连接，当发生以下运行方式之一时，应改为破坏固定连接：

1）单母线运行时。

2）双母线运行（并列或分列），但有一个或以上元件未按固定连接方式运行时（即一次接线与二次接线不对应时）。

3）双母线并列运行，但母联断路器改非自动或热倒母线操作时。

（7）运行中切换调整母差电流端子（可切换的电流端子）时，必须做到：

1）调整母线电流端子的操作应事先停用母差保护。

2）调整时严防电流互感器二次侧开路，应先投入正（或副）母方式连接片，然后停用副（或正）母方式连接片。

（8）母差电流互感器调换，电流回路接线更改或拆动，以及母线上新设备投运，均需测电流相位及差电压合格，方准投入母差保护。

（9）采用外电源对停电的一组母线充电，若另一组母线运行，并且母差为破坏固定连接方式时，应事先将母差保护停用。

（10）主变压器断路器及旁路代主变压器断路器时失灵保护连接片应停用，投入线路、旁路及母联断路器的失灵保护启动连接片时，必须测量其连接片两端对地无异极性电压。

（三）距离保护的运行要求

（1）任何距离保护都包括两个输入回路：一是作距离测量的工作回路，另一个是极化回路，当测量回路失去输入电压时，如果负荷电流达到一定的数值，距离保护将会误动，因此运行中不许距离保护的交流电压瞬时中断：

1）因特殊需要在接距离保护的交流电压回路上工作或停用母线电压互感器前，应事先与调度联系停用距离保护。若无防止距离保护因失压而误动作的可靠措施，则不允许在此回路上工作。

2）若因距离保护的电压、电流回路接线变更或电压互感器、电流互感器更换工作，均需试验电流电压向量正确后，方准正式投跳。

3）若调度特殊需要调整运行中距离阻抗定值时，应做到停用距离保护后调整，若无调整的明显刻度的，由继保人员整定。

（2）线路运行中需要调整与高频闭锁配合使用的距离、零序的时限定值时，除应该停用线路所调整保护的出口连接片外，还必须同时停用该线路的高频闭锁出口连接片。

3.5.2　二次回路的巡视与维护

二次回路又称二次接线，是指变电站的测量仪表、监察装置、信号装置、控制和同期装置、继电保护和安全自动装置等组成的电路。二次回路的任务是反应一次系统的工作状态，控制一次系统并在一次系统发生事故时能使事故部分迅速退出工作。二次回路的日常运行检查很重要，运行经验表明，所有二次回路在系统运行中都必须处于完好状态，应能随时应对系统中发生的各种故障或对异常运行状态做出正确的反应，否则造成的后果是严重的。

（一）二次回路综合巡视

（1）检查二次设备应无灰尘，保证绝缘良好。值班员应定期对二次线、端子排、控制仪表盘和继电器的外壳等进行清扫。

（2）检查表针指示正确，无异常。

（3）检查监视灯、指示灯正确，光字牌应完好，保护连接片在要求的投、停位置。

（4）检查信号继电器有无掉牌。

（5）检查警铃、蜂鸣器应良好。

（6）检查继电器的接点、线圈外观应正常，继电器运行应无异常现象。

（7）检查保护的操作部件，如熔断器、电源小闸刀、保护方式切换开关、保护连接片、电流和电压回路的试验部件应处于正确位置，并接触良好。

（8）各类保护的工作电源应正常可靠。

（9）断路器跳闸后，应检查保护动作情况，并查明原因。

送电时必须将所有的保护装置信号复归。

（二）交接班检查的主要内容

（1）各断路器控制开关手柄的位置与断路器位置及灯光信号应相对应。

（2）检查各同步回路的同步开关上应无开关手柄。检查主控制室供同步开关操作的开关手柄只有一个，并且同步转换开关应在"断开"位置，同步闭锁转移开关应在"投入"位置，电压表、频率表及同步表的知识应在返回状态。

（3）检查事故信号、预告信号及闪光信号的音响、灯光及光字牌显示应正常。

（4）控制屏和继电保护屏应清洁，屏上所有元件的标示齐全。

（5）继电保护屏上的压板、组合开关的接入位置应与一次设备的运行位置相对应，信号灯显示应正常。

（6）继电器、表计外壳应完整并盖好。

（7）检查端子箱、操作盘、端子盒的门应关好，无损坏。

（8）检查故障录波器应正常。

（9）检查直流电源监视灯应亮。

（10）用直流绝缘监察装置检查直流绝缘应正常。

（11）检查二次设备屏是否清洁，屏上标示是否齐全，接线有无脱落和放电现象，各继电器的工作状态是否与实际相符，有无异常响声。各继电器铅封是否完好。

（12）检查表计指示是否正常，有无过负荷。

（三）特殊巡视检查

（1）高温季节应加强对微机保护及自动装置的巡视。

（2）高温负荷及恶劣天气应加强对二次设备的巡视。

（3）当断路器事故跳闸后，应对保护及自动装置进行重点巡视检查，并详细记录各保护及自动装置的动作情况。

（4）对某些二次设备进行定点、定期巡视检查，如每日对高频通道进行定点监测。

（四）带电清扫二次线时的注意事项

（1）禁止用水和湿布擦洗二次线，清扫工具应干燥，金属部分应包好绝缘，防止触电或短路。

（2）清扫标有明显标志的出口继电器时，应小心谨慎，不许振动或误碰继电器外壳，不许打开保护装置外罩。

（3）清扫人员应摘下手表（特别是金属表带的手表），应穿长袖工作服，带线手套。

（4）不许用压缩空气吹尘的方法，以免灰尘进入仪器仪表或其他设备内部。

（5）清扫高于人头部的设备时，必须站在坚固的凳子上，防止跌倒触动保护装置。

（五）当继电保护和安全自动装置动作，开关跳闸或合闸以后，值班员应该进行的工作

（1）恢复音响信号。

（2）根据光字牌、红绿灯闪光等信号及表计指示判明故障原因，恢复音响及灯光信号或将控制开关扳至相应的位置。

（3）在继电保护屏上详细检查继电保护和安全自动装置及故障录波器的动作情况并做好记录，然后恢复动作信号。并向当值调度员汇报，根据调度命令进行事故后处理。

（4）低频减载装置动作，开关跳闸，此时不能合闸送电，应做好记录，向当值调度员汇报，听候处理。

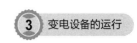

（5）向主管领导及主管技术部门汇报事故情况。

3.6 继电保护与安全自动装置的巡视与运行分析

3.6.1 继电保护装置的简介

（一）继电保护装置的任务

在电力系统的运行过程中，往往由于电气设备绝缘损坏、操作维护不当以及外力破坏等原因，造成短路事故或不正常的运行状态。发生短路事故时，故障点产生的电弧可能将电气设备烧毁。比额定电流大数倍甚至十倍的短路电流的热效应和电动力效应会加速电气设备绝缘的老化或损坏设备。电力系统的电压会瞬时降低而影响到用户的生产。严重的短路事故除会造成停电外，还可能使电力系统的稳定受到破坏，使系统解列并造成地区大面积停电。因此，电力系统发生事故时，必须及时的采取有效措施迅速排除，以免产生严重的后果。

当电力系统出现不正常的运行状态时（如中性点不接地系统一相接地及电气设备过负荷等），继电保护装置能及时发出信号或警报，通知运行值班人员进行处理。而当供电系统中发生事故时，它能自动的将故障切除，限制事故的范围。

在供电系统中还采用了备用电源自动投切等自动装置，它与继电保护装置密切配合，从而提高了对用户供电的可靠性。

（二）继电保护装置的基本要求

继电保护装置为了完成它的任务，必须在技术上满足选择性、速动性、灵敏性和可靠性四个基本要求。对于作用于继电器跳闸的继电保护，应同时满足四个基本要求，而对于作用于信号以及只反映不正常的运行情况的继电保护装置，这四个基本要求中有些要求可以降低。

（1）选择性。选择性就是指当电力系统中的设备或线路发生短路时，其继电保护仅将故障的设备或线路从电力系统中切除，当故障设备或线路的保护或断路器拒动时，应由相邻设备或线路的保护将故障切除。

（2）速动性。速动性是指继电保护装置应能尽快地切除故障，以减少设备及用户在大电流、低电压运行的时间，降低设备的损坏程度，提高系统并列运行的稳定性。

一般必须快速切除的故障有：

1）使发电厂或重要用户的母线电压低于有效值（一般为 0.7 倍额定电压）。

2）大容量的发电机、变压器和电动机内部故障。

3）中、低压线路导线截面过小，为避免过热不允许延时切除的故障。

4）可能危及人身安全、对通信系统造成强烈干扰的故障。

故障切除时间包括保护装置和断路器动作时间，一般快速保护的动作时间为 0.04～0.08s，最快的可达 0.01～0.04s，一般断路器的跳闸时间为 0.06～0.15s，最快的可达 0.02～

0.06s。

对于反应不正常运行情况的继电保护装置，一般不要求快速动作，而应按照选择性的条件，带延时地发出信号。

（3）灵敏性。灵敏性是指电气设备或线路在被保护范围内发生短路故障或不正常运行情况时，保护装置的反应能力。

能满足灵敏性要求的继电保护，在规定的范围内故障时，不论短路点的位置和短路的类型如何，以及短路点是否有过渡电阻，都能正确反应动作，即要求不但在系统最大运行方式下三相短路时能可靠动作，而且在系统最小运行方式下经过较大的过渡电阻两相或单相短路故障时也能可靠动作。

系统最大运行方式：被保护线路末端短路时，系统等效阻抗最小，通过保护装置的短路电流为最大运行方式。

系统最小运行方式：在同样短路故障情况下，系统等效阻抗为最大，通过保护装置的短路电流为最小的运行方式。

保护装置的灵敏性是用灵敏系数来衡量。

（4）可靠性。可靠性包括安全性和信赖性，是对继电保护最根本的要求。

安全性：要求继电保护在不需要它动作时可靠不动作，即不发生误动。

信赖性：要求继电保护在规定的保护范围内发生了应该动作的故障时可靠动作，即不拒动。

继电保护的误动作和拒动作都会给电力系统带来严重危害。

即使对于相同的电力元件，随着电网的发展，保护不误动和不拒动对系统的影响也会发生变化。

以上四个基本要求是设计、配置和维护继电保护的依据，又是分析评价继电保护的基础。这四个基本要求之间是相互联系的，但往往又存在着矛盾。因此，在实际工作中，要根据电网的结构和用户的性质，辩证地进行统一。

3.6.2　继电保护装置的巡视与运行

（一）对继电保护装置及二次线的巡视检查

（1）各类继电器外壳有无破损，整定值的位置是否变动。

（2）查看继电器有无接点卡住、变位倾斜、烧坏、脱轴、脱焊等情况。

（3）感应型继电器的圆盘转动是否正常，经常带电的继电器接点有无大的抖动及磨损，线圈及附加电阻有无过热现象。

（4）压板及转换开关的位置是否与运行要求一致。

（5）各种信号指示是否正常。

（6）有无异常音响、发热冒烟以及烧焦等异常气味。

（二）继电保护装置的运行维护

（1）在继电保护装置的运行过程中，发现异常现象时，应加强监视并立即向主管部

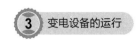

门报告。

（2）继电保护动作开关跳闸后，应检查保护动作情况并查明原因。恢复送电前，应将所有的掉牌信号全部复归，并记入值班记录及继电保护动作记录中。

（3）检修工作中，如涉及供电部门定期校验的进线保护装置时，应与供电部门进行联系。

（4）值班人员对保护装置的操作，一般只允许接通或断开压板，切换转换开关及卸装熔断器等工作。

（5）在二次回路上的一切工作，均应遵守《电气安全工作规程》的有管规定，并有与现场设备符合的图纸作为依据。

（三）继电保护装置的校验周期和内容

为了保证电力系统故障的情况下继电保护装置能正确动作，对运行中的继电保护装置及二次回路应定期进行校验和检查。对一般 10kV 用户的继电保护装置，应每两年进行一次校验。对供电可靠性要求较高的用户及 35kV 及以上的用户，一般每年进行一次校验。此外，在继电保护装置进行设备改造、更换、检修后以及在发生事故后，都应对其进行补充校验。

对于变压器的气体保护，应结合变压器大修同时进行检验。对气体继电器，一般每三年进行一次内部检查，每年进行一次充气试验。

对运行中的继电保护装置，应按下列项目进行检验：

（1）对继电器进行机械部分检查及电气特性试验。

（2）二次回路绝缘电阻测量。

（3）二次通电试验。

（4）保护装置的整组动作检验。

3.6.3 变压器保护的运行管理

（一）气体保护

（1）气体继电器有上、下两对动合触点，上触点动作后发信号。变压器在投运前，应检查气体继电器内部是否有残留的气体存在，如有则应放尽，并试验其上触点能否准确的动作发信号。气体继电器的下触点动作机构为挡板式，其二次回路的绝缘电阻应大于 1MΩ，结构应能保证不进水、不渗漏油，并能动手试验其动作情况。

（2）新安装或大修后的主变压器投入运行后，重瓦斯保护一般只动作于信号，正常后，才能投入运行。在更换硅胶、强迫油循环装置油路系统进行检修或气体保护装置和其二次回路有工作时，为防止重瓦斯保护误动，应征得调度同意后将其改投信号位置。在加油、滤油、更换硅胶和强迫油循环装置油路系统工作完毕后，为了防止有空气进入，经调度同意，重瓦斯保护不立即投入跳闸，应每隔 12h 释放气体继电器内部的空气，当连续两次油中无空气放出时，方可将重瓦斯保护投入跳闸。

（3）当油位计的油面异常升高或油路系统有其他异常现象时，为查明原因，在未将重瓦斯保护改投信号前，禁止打开放气阀、放油阀或清理吸湿器的眼孔或进行其他工作，以防重瓦斯保护误动跳闸。

（4）检查气体继电器内应充满绝缘油，顶部无气泡，气体继电器至变压器储油柜的管道阀门应在打开位置，气体继电器的接线端子无渗油现象，端子盒应完好，为防止雨、雪、灰尘进入造成气体保护误动作，可做一个铁皮罩子盖在气体继电器上。

（5）变压器停运时，轻瓦斯保护应投入信号。

（6）用挡板式气体继电器的主变压器，新装或大修后，其重瓦斯可考虑投入跳闸回路。

（二）差动保护

（1）为了保证变压器在运行中有主保护，差动保护和气体保护不允许同时停用。差动保护的停用，应取得调度和设备所在单位的总工程师的同意。

（2）差动保护在第一次投入运行时，为检查其躲避励磁涌流的性能，应对变压器作5次空载冲击合闸试验。

（3）在擦动回路上有工作时，应先将差动保护退出。

（4）新装、定期校验或二次差动回路经过工作后的差动保护，在变压器充电和空载试运行时应将差动保护暂时投入使用，但在正式带负荷前应停用。差动保护应作带负荷测六角图证明二次电流回路极性正确及差电压满足规定的要求后，方可将其正式投入运行，以防止二次回路接线错误，造成变压器带负荷后差动保护误动。

（5）当差动保护的交流电流回路发生断线时，应立即停用差动保护，待新线路故障处理完毕、测量跳闸压板无脉冲后，方可投入其跳闸压板。

（6）当主变压器差动保护发出"差动保护直流消失"信号或电源指示灯熄灭时，应退出差动保护的跳闸压板，然后按复归按钮，若电源指示灯亮，在测量跳闸压板无脉冲后，方可投入跳闸压板。若电源指示灯仍未点亮，不得投入跳闸压板，应汇报调度，并通知保护人员处理。

（三）接地保护

（1）主变压器110kV侧中性点的接地方式应依据调度命令执行，在运行中不得任意改变，否则会危及主变压器及一次设备的安全并造成系统零序保护误动或拒动。

（2）当变压器110kV中性点直接接地运行时，应投入变压器中性点零序电流保护，停用变压器零序过电压及中性点间隙零序电流保护。当变压器110kV中性点不接地或经间隙接地时，应投入变压器零序电压及中性点间隙零序电流保护，停用中性点零序电流保护。

（3）变压器在投入运行或退出操作前，为了防止操作过电压造成其中性点绝缘的损坏，必须将110kV中性点接地刀闸投入，并投入中性点零序电流保护。待操作完毕后，根据调度命令，决定其中性点是否接地运行。

（4）当变压器从低压侧加压对主变压器做空载试验或主变压器高压侧断路器断开运行时，应投入110kV中性点接地闸刀，并投入中性点零序电流保护，以防操作过电压损坏中性点的绝缘。

3.6.4 线路保护的运行管理

（一）线路电流保护

（1）保护整定值与压板投入或退出的情况，应符合运行方式的要求。

（2）巡视检查线圈应无过热、焦味、异常声音，观察继电器触点状态应正常、无抖动。

（3）为防止过负荷跳闸，应根据各出线定时过流的整定值算出各出线所允许流过的最大的负荷电流，并将允许的最大负荷电流值用红线标在该出线的电流表上（可按保护整定值的 70%计算）。对重要负荷线路应加强监视，当接近允许的最大负荷电流时，应向调度汇报，请求采取限负荷措施。

（4）改变电流继电器的整定值时，应特别注意电流线圈的串、并联关系，以防止错误地将整定值减少或增大一倍。

（5）在运行中改变电流继电器线圈的串、并联之前，应先将该保护的二次电流端子短路，以防止造成电流互感器开路。

（6）改变 GL 型过电流继电器的整定值，应先将备用插头插到新定值的插孔上，然后将原定值的插头取出，再插到备用插孔上，防止变流器开路。

（7）进行本路保护试验时，应注意对其他保护或开关的影响，例如本保护联跳其他开关或进行保护一次大电流试验时，对母线差动保护等的影响。

（8）继保人员工作后，应注意复核定值，了解变动、编号等情况，是否与"保护记录簿"相符。

（二）线路接地保护

中性点直接接地系统零序电流保护的运行：

（1）正常巡视应注意各电流继电器及零序功率方向继电器的触点状态是否正常。

（2）当零序电流保护经零序功率方向闭锁时，应注意检查交流二次电压与一次设备的运行位置相对应，即保护装置的交流二次电压开关位置或切换交流二次电压的中间继电器应与一次设备的运行位置相对应。

（3）定期检查零序电流保护的定值是否与继电器保护记录簿及调度部门下达的通知单相符。特别是具有备用定值的线路，当特殊运行方式结束后，应根据上级调度的命令，立即改回到正常的运行定值上去。

（4）当方向零序电流保护所取电压互感器退出运行，而又无法切换至其他电压互感器时，应将零序功率方向继电器的触点短接，并取得调度员的同意。

（5）当发出"零序保护电流互感器断线"信号时，若保护装置未采取相邻电流互感器的断线闭锁措施，则应停用一次动作电流小于或等于线路最大负荷电流的所有段别，避免造成这些保护误动作，然后迅速处理断线故障，处理完毕后再启动各段保护。

中性点不接地或小电流接地系统单相接地交流绝缘监察装置的运行：

（1）当中性点不接地或小电流系统发生单相接地时，零序电压继电器动作，同时接地光字牌亮、警铃响。

（2）反应接地线的相电压表指示为零或接近零，而反应两非故障相的相电压表的指示则升高为 $\sqrt{3}$ 倍，且持久不变。

（3）发生间歇性接地故障时，接地相电压时减、时增，非故障相电压时增、时减，或有时又正常。

值班人员通过上述现象可判断出系统哪一相发生了接地，然后做出如下处理：

（1）值班人员可根据当时的具体情况穿上绝缘靴，详细检查站内设备，停止有关工作班组的工作，令工作人员撤离现场，并及时向上级调度和有关部门汇报。

（2）依据调度命令对电网进行分割，即把电网分成电气上不直接连接的几个部分。分网时，应注意分网后各部分的功率平衡、保护配合、电能质量和消弧线圈的情况。

（3）分网后应采用依次断开各条线路的办法，来寻找接地线路。若断开某断路器时，绝缘监察装置恢复正常（接地信号消失，三个电压表指示相同），即证明断开的这条线路发生了接地，然后派人查出具体接地点，转移负荷，停电处理。在进行断路器试验前，所有被断开线路的重合闸均应处于启用状态，否则将造成误停电。

断、合试验要遵循先次要、后重要的原则，具体顺序如下：

1）首先是供电的双回路或受电端有其他第二电源的线路。

2）其次为分支最多、最长、负荷轻或次要用户的线路。

3）第三为分支较短、较少、负荷较为重要的线路。

4）双母线时，可用倒换备用母线的方法，检查母线系统、双台变压器及其配电装置。

5）单母线、单台变压器及其配电装置。

6）如电压互感器等接地，不能用隔离开关断开，应用"人工接地"或倒母线等方法。

上述顺序应视当时的具体情况灵活应用。值得注意的是，应防止将下列现象误当作接地故障来处理：

1）电压互感器的熔断器或隔离开关的辅助触点接触不良。

2）由于一相断线或断路器、隔离开关一相未接通，带电作业分相搭拆部分线路，造成三相参数不对称。

3）空投母线时，由于电压互感器引起的铁磁谐振与虚幻接地现象。

3.6.5　自动装置的运行管理

（一）自动重合闸装置

（1）重合闸装置的巡视检查

1）正常运行时，同期继电器的下触点应闭合，无压继电器的下触点应断开。

2）检查重合闸电容器电源指示灯应点亮。

3）应定期（选择天气较好时）检查重合闸，试验时，按下重合闸试验按钮，待其实现达到时，重合闸指示灯应熄灭，而发出重合闸动作信号，重合闸指示灯随即重新点亮。

（2）重合闸装置的运行规定：

1）两端均有电源的输电线路，一般规定一侧的重合闸使用方式为检定同期，而另一侧规定使用检定无压。对规定的重合闸使用方式不得随意改变，需要更改时，由调度部门通知两侧互换重合闸方式，以避免非同期重合或两侧因不能重合而停电。

2）对平行的双回线路采用检查相邻线的有电流的重合闸，当相邻线路停用时，运行线路的重合闸应停用。

3）重合闸在出现下列情况时应停用：装置所连接电流互感器、电压互感器、电压抽取装置停用时，可能造成非同期重合时，断路器遮断容量不够时，对线路充电时，线路对带电作业有要求时，对侧变电站接有调相机且调相机未装失压解列时，空气开关当其压力降低至不允许重合闸时，液压操动机构当其压力降低至不允许重合闸时，经主管领导批准不宜使用重合闸的线路等。

（二）备用电源自动投入装置

（1）备用电源自动投入装置的巡视检查：

1）检查运行回路的低电压继电器应处于动作状态，闭锁中间继电器应励磁，且无其他异常现象。

2）检查备用电源自投装置的投退开关位置应正确，电压继电器和时间继电器等整定值应正确。

3）在有两台变压器工作的变电站，当工作变压器跳闸、备用变压器投入后，应检查负荷情况，防止变压器过负荷。

（2）备用电源自投装置动作成功：

1）恢复音响信号及备用电源自投装置的动作掉牌信号。

2）当备用电源投入成功时，该路红灯闪光，电流表应有指示，同时原运行断路器绿灯也闪光，这时应将原备用线路的开关由"分后"位置扳至"合后"位置，再将原运行断路器的控制开关由"合后"位置扳至"分后"位置。

3）操作完毕查明母线失压情况，向调度员汇报并做好记录，善后的工作和运行方式按调度命令执行。

（3）备用电源自投装置动作失败。备用电源自投装置动作，备用设备（线路或变压器）投入后，备用设备又跳闸，不允许再进行试送，因为此种情况可能是一次设备发生了永久性故障。

（三）低频减载装置

（1）低频减载装置的运行注意事项：

1）低频减载装置启用时应先投入交流电源，后投入直流电源。停用时则相反。

2）在换用电压互感器供电时，应根据倒换中是否引起暂时断电的情况，决定是否暂时停用低频减载装置。

3）低频减载装置在投入或退出跳闸出口压板时，应同时投入或退出其重合闸放电压板。

（2）低频减载装置的巡视检查：

1）检查二次电压开关或熔断器是否正常。

2）检查工作电压指示灯应亮。

3）检查应投入的跳闸压板和放电压板是否投入，各轮次的整定值是否合乎规定。

（3）低频减载装置动作后处理：

1）数字式低频继电器动作，开关跳闸、解除闭锁及低频动作信号灯亮。或普通低频减载装置正确动作，此时不准合闸送电，应做好记录，向当值调度员汇报，听候处理。

2）当低频减载装置动作后，经检查判断为误动作，应将其退出运行，并通知继电保护人员处理。

4 倒闸操作

4.1 倒闸操作基本原则

4.1.1 基本原则

（1）电气设备的倒闸操作应严格遵守安全规程、调度规程、现场运行规程和本单位的补充规定等要求。

（2）倒闸操作应有值班调控人员或运维负责人正式发布的指令，并使用经事先审核合格的操作票，按操作票填写顺序逐项操作。

（3）操作票应根据调控指令和现场运行方式，参考典型操作票拟定。典型操作票应履行审批手续并及时修订。

（4）倒闸操作过程中严防发生下列误操作：

1）误分、合断路器；

2）带负荷拉、合隔离开关或手车触头；

3）带电装设（合）接地线（接地刀闸）；

4）带接地线（接地刀闸）合断路器（隔离开关）；

5）误入带电间隔；

6）非同期并列；

7）误投退（插拔）压板（插把）、连接片、短路片，误切错定值区，误投退自动装置，误分合二次电源开关。

（5）倒闸操作应尽量避免在交接班、高峰负荷和恶劣天气等情况时进行。

（6）对大型重要和复杂的倒闸操作，应组织操作人员进行讨论，由熟练的运维人员操作，运维负责人监护。

（7）断路器停、送电严禁就地操作。

（8）雷电时，禁止进行就地倒闸操作。

（9）停、送电操作过程中，运维人员应远离瓷质、充油设备。

（10）倒闸操作过程若因故中断，在恢复操作时运维人员应重新进行核对（核对设备名称、编号、实际位置）工作，确认操作设备、操作步骤正确无误。

（11）运维操作票应按月装订并及时进行三级审核。保存期至少1年。

（12）倒闸操作应全过程录音，录音应归档管理。

（13）操作中发生疑问时，应立即停止操作并向发令人报告，并禁止单人滞留在操作现场。弄清问题后，待发令人再行许可后方可继续进行操作，不准擅自更改操作票，不准随意解除闭锁装置进行操作。

（14）操作票印章使用规定：

1）操作票印章包括：已执行、未执行、作废、合格、不合格。

2）操作票作废应在操作任务栏内右下角加盖"作废"章，在作废操作票备注栏内注明作废原因；调控通知作废的任务票应在操作任务栏内右下角加盖"作废"章，并在备注栏内注明作废时间、通知作废的调控人员姓名和受令人姓名。

3）若作废操作票含有多页，应在各页操作任务栏内右下角均加盖"作废"章，在作废操作票首页备注栏内注明作废原因，自第二张作废页开始可只在备注栏中注明"作废原因同上页"。

4）操作任务完成后，在操作票最后一步下边一行顶格居左加盖"已执行"章；若最后一步正好位于操作票的最后一行，在该操作步骤右侧加盖"已执行"章。

5）在操作票执行过程中因故中断操作，应在已操作完的步骤下边一行顶格居左加盖"已执行"章，并在备注栏内注明中断原因。若此操作票还有几页未执行，应在未执行的各页操作任务栏右下角加盖"未执行"章。

6）经检查票面正确，评议人在操作票备注栏内右下角，加盖"合格"评议章并签名，检查为错票，在操作票备注栏内右下角加盖"不合格"评议章并签名，并在操作票备注栏说明原因。

7）一份操作票超过一页时，评议章盖在最后一页。

4.1.2 倒闸操作程序

（一）操作准备

（1）根据调控人员的预令或操作预告等明确操作任务和停电范围，并做好分工。

（2）拟定操作顺序，确定装设接地线部位、组数、编号及应设的遮拦、标示牌。明确工作现场临近带电部位，并制定相应措施。

（3）考虑保护和自动装置相应变化及应断开的交、直流电源和防止电压互感器、站用变二次反送电的措施。

（4）分析操作过程中可能出现的危险点并采取相应的措施。

（5）检查操作所用安全工器具、操作工具正常包括防误装置电脑钥匙、录音设备、绝缘手套、绝缘靴、验电器、绝缘拉杆、接地线、对讲机、照明设备等。

（6）"五防"闭锁装置处于良好状态，当前运行方式与模拟图对应。

（二）操作票填写

（1）倒闸操作票应由操作人员根据值班调控人员或运维负责人安排填写操作票。

（2）操作顺序应根据操作任务、现场运行方式、参照本站典型操作票内容进行填写。

（3）操作票填写后，由操作人员和监护人共同审核，复杂的倒闸操作票经班组专业工程师或班长审核执行。

（三）接令

（1）应由上级批准的人员接受调控指令、接令时发令人和受令人应先互报单位和姓名。

（2）接令时应随听随记，并记录在"变电运维工作日志"中，接令完毕，应将记录的全部内容向发令人复诵一遍，并得到发令人认可。

（3）对调控指令有疑问时，应向发令人询问清楚无误后执行。

（4）运维人员接受调控指令应全程录音。

（四）模拟预演

（1）模拟操作前应结合调控指令核对系统方式、设备名称、编号和位置。

（2）模拟操作由监护人在模拟图（或微机防误装置、微机监控装置），按操作顺序逐项下令，由操作人复令执行。

（3）模拟操作后应再次核对新运行方式与调控指令相符。

（4）由操作人和监护人共同核对操作票后分别签名。

（五）执行操作

（1）现场操作开始前，汇报调控中心监控人员，由监护人填写操作开始时间。

（2）操作地点转移前，监护人应提示，转移过程中操作人在前，监护人在后，到达操作位置，应认真核对。

（3）远方操作一次设备前，应对现场人员发出提示信号，提醒现场人员远离操作设备。

（4）监护人唱诵操作内容，操作人用手指向被操作设备并复诵。

（5）电脑钥匙开锁前，操作人应核对电脑钥匙上的操作内容与现场锁具名称编号一致，开锁后做好操作准备。

（6）监护人确认无误后发出"正确、执行"动令，操作人立即进行操作。操作人和监护人应注视相应设备的动作过程或表计、信号装置。

（7）监护人所站位置应能监视操作人的动作以及被操作设备的状态变化。

（8）操作人、监护人共同核对地线编号。

（9）操作人验电前，在临近相同电压等级带电设备测试验电器，确认验电器合格，验电器的伸缩式绝缘棒长度应拉足，手握在手柄处不得超过护环，人体与验电设备保持足够安全距离。

（10）为防止存在验电死区，有条件时应采取同相多点验电的方式进行验电，即每相验电至少 3 个点间距在 10cm 以上。

（11）操作人逐项验明确无电压后唱诵"＊相无电"，监护人确认无误并复诵"正确"后操作人方可移开验电器。

（12）当验明设备已无电压后，应立即将检修设备接地并三相短路。

（13）每步操作完毕，监护人应核实操作结果无误后立即在对应的操作项目后打"√"。

（14）全部操作结束后，操作人、监护人对操作票按操作顺序复查，仔细检查所有项目全部执行并已打"√"（逐项令逐项复查）。

（15）检查监控后台与"五防"画面设备位置确实对应变位。

（16）在操作票上填入操作结束时间，加盖"已执行"章。

（17）向值班调控人员汇报操作情况。

（18）操作完毕后将安全工器具、操作工具等归位。

（19）将操作票录音归档管理。

4.2 对操作人员的要求

4.2.1 充分明确操作的自责

只有值班长或正值才能接受调度命令和担任倒闸操作中的监护人；副值无权接受调度命令，只能担任倒闸操作中的操作人；实习人员一般不介入操作中的实质性工作。操作中由正值监护、副值操作，实习人员担任操作时，应有两人监护，严禁单人操作。

操作人不能依赖监护人，应对操作内容充分明了核实操作。

倒闸操作时，不进行交接班，不做与操作无关的事。

如遇事故发生，应沉着冷静，分析判断清楚，正确地处理事故。

4.2.2 运行值班人员应具备的基本知识

要正确地进行倒闸操作，变电站运行值班人员必须具备下列基本知识：

（1）必须熟悉本站的一次设备，如本站的一次接线方式，一次设备配电情况，一次设备的作用、结构、原理、性能、特点、操作方法、使用注意事项以及设备的位置、名称、编号等。

（2）必须熟悉本站的二次设备，如本站的继电保护及安全自动装置的配电情况，各装置的作用、原理、特点、操作方法、使用注意事项等。

（3）必须熟悉本站正常的运行方式及非正常运行方式，了解系统的有关运行方式。

（4）必须熟悉有关规程和有关规定，如安全规程、现场运行维护规程、调度规程、倒闸操作制度等。

4.2.3 熟悉调度知识

各级调度部门是各级电压电网运行的统一指挥中心，调度员和值班员在运行值班时，是上下级命令和被命令的关系，凡属相应调度部门所管辖的一、二次设备的启停，均应按其调度命令执行，遇有怀疑，可提出质疑，如确属危及人身、设备安全的，可拒绝执行；相互联系操作时，应报清站名，互通姓名、内容和时间，并使用调度术语和设备的调度编号命名。

电气设备的调度编号与命名，统一由各级调度部门确定，现场不许自行改动。编号命名的方法，各地虽有一定差异，但有一定规律，使其简洁明确，便于记忆，例如，开关编号常为三位数，首位为电压级，二、三位为开关类别，不同类别的开关依据不同的号序区段，例如，110kV 1 号主变压器的开关为"101"、第一路（按控制室内控制屏的排列）馈出线开关为"121"。

线路的命名，常以两端厂站的名称中某一字连在一起组成，如可能混淆，再加其他特征，例如，朱家坝站到界石堡站有两级电压线路：朱界线、朱石线，九龙坡站到双山站有："九双一、二、三、四回"；中间有 T 接如"石洛黑"等。

为使值班员与调度员联系工作明确，简要，省时，避免错误，应使用能源部公布的《电力系统调度术语（试行）》，它是对设备名称、设备运行状态以及联系工作内容的某种含义所定义的一种技术语言，包括设备名称、调度术语、操作命令术语三大部分，例如：断路器叫"开关"、隔离开关叫倒闸、电流互感器叫"CT"、"回复命令"是指值班员在执行完调度员发布给他的调度命令后，向值班调度员报告已执行完调度命令的步骤、内容和时间。综合命令如"命令将××kV×号母线 PT 由运行转检修"，指的是，切换倒出电压互感器负荷，拉开 PT 隔离开关，在电压互感器上接地（或合上接地刀闸）。

4.2.4 充分了解当时的运行方式

应充分了解当时的运行方式，如一次回路的运行接线、电源和负荷的分布、继电保护和自动装置的投运情况，并与调度核对无误。

4.2.5 细致核查操作的设备

操作人不能凭记忆操作，应仔细核对设备的编号、名称，无误后方可进行操作。现场一、二次设备应有醒目的标示，如命名、编号、铭牌、转动方向、切换位置指示、相别颜色。一次系统模拟图板、二次保护配置图等。

4.2.6 严格遵守执行操作的调度命令

应有明确的调度命令、合格的操作票或经有关领导准许的操作才能执行操作。

4.2.7 使用合格的安全用具

验电笔、绝缘棒、绝缘靴、绝缘手套等的试验日期和外观检查应合格；操作中使用的仪表如钳形电流表、万用表、绝缘电阻表等应保证其正确性和安全性。

用绝缘棒拉合隔离开关或经传动机构拉合隔离开关时，均应戴绝缘手套；雨天操作室外高压设备时，绝缘棒应有防雨罩，还应穿绝缘靴，当发现变电站的接地电阻不符合要求时，晴天操作亦应穿绝缘靴。

110kV 及以上无专用验电器时，可用绝缘杆试验带电体有无声来判断。

4.2.8　严格执行检修转运行前的倒闸操作规定

检修转运行倒闸操作前，必须收回并检查有关工作票，拆除安全措施，如拉开接地刀闸、拆除接地线及标示牌等；设备的调整实验数据应合格，并有工作负责人在有关记录簿上写入"可以投入运行"的结论；检查被操作设备是否处于正常位置。

4.2.9　倒闸操作现场必须具备的条件

（1）变电站的电气设备必须标明编号和名称，字迹清楚、醒目，不得重复，设备有传动方向指示、切换指示，以及区别相位的漆色，接地闸刀垂直连杆应漆黑色或黑白环色。

（2）设备应达到防误要求，如不能达到的，须经上级部门批准。

（3）各控制盘前后、保护盘前后、端子箱、电源箱等均应标明设备的编号、名称，一块控制盘或保护盘有两个及以上回路时要划出明显的红白分界线。运行中的控制盘、保护盘盘后应有红白遮栏。

（4）站内要有和实际电路相符的电气一次系统模拟图和继电保护图。

（5）变电站要备有合格的操作票，还必须根据设备具体情况制定有现场运行规程、操作注意事项和典型操作票。

（6）要有合格的操作工具和安全用具（如继电器、验电棒、绝缘棒、绝缘手套、绝缘靴、绝缘垫等），接地线及存放架（钩）上均应编号并对号入座。

（7）要有统一的、确切的调度术语、操作术语。

（8）值班人员必须经过安全教育、技术培训，熟悉业务和有关规程制度，经上岗考试合格，方可上岗担任副值、正值或值班长，接受调度命令进行倒闸操作或监护工作。

（9）值班人员如调到其他站值班时也必须按第（8）条规定执行。

（10）新进值班人员必须经过安全教育技术培训 3 个月，培训后由所长、培训员考试合格经工区批准才可担任实习副值，但必须在双监护下才能进行操作。

（11）值班人员在离开值班岗位 1～3 个月的要重新回到原岗位时，必须复习规程制度并经站长和培训员考问合格后方可上岗工作。离开值班岗位 3 个月以上者，须经上岗考核合格方能上岗。

4.3　倒　闸　操　作　票

4.3.1　操作票的内容

导致设备损坏、停电以及人身伤亡的严重事故的误操作，经常是由于不合格的操作票或不严格执行操作票引起，为此，必须高度重视操作票的正确贯彻。1kV 及以上设备的倒闸操作时，必须按《电业安全规程》填写统一操作票，格式见表 4.1，内容主要包括一、二次回路各器件的操作和检查其状态，应在有序的步骤中进行。

表 4.1   倒 闸 操 作 票 格 式

发 电 厂（变 电 站）
倒 闸 操 作 票

编号：

操作开始时间：　年　月　日　时　分，终了时间：　日　时　分		
操作任务：		
√	顺序	操作项目
备注：		

操作人：　　监护人：　　值班负责人：　　值长

填写操作票项目及注意事项如下：

（1）一份操作票只允许填一个操作任务；

（2）操作程序必须符合倒闸操作的技术要求及工艺要求。

下列各项都应写入操作票的步骤中：

1）断路器和隔离开关的拉合。

2）断路器和隔离开关的拉合后，检查其是否到位。

3）二次交流电压和操作回路熔断器、合闸回路熔断器、液压机构的油泵电源、隔离开关电动操作的电源投入或退出。

4）继电保护压板的启停。

5）切换保护回路或改变整定值。

6）保护回路二次电压经过继电器切换的变电站，应检查该继电器的动作情况。

7）验电及装拆接地线（接地闸刀的拉合）。

8）并列与解列、合环与解环、检查变压器或线路负荷情况（防止过负荷跳闸）。

［例］35kV 主变压器检修：

××站 2 号主变压器从运行改为变压器检修。

a. 检查 10kV 2 号电容器在拉开位置。

××供电公司

变 电 倒 闸 操 作 票

××站 编号：

发令时间	时　分		执行时间	年　月　日　时　分至　时　分		
操作任务	检查10kV 2号电容器开关在拉开位置					
出票人		审票人		值班调度员		
接令人		操作人		监护人		
顺序	操　作　项　目					检查
1	检查10kV 2号电容器开关拉开位置					

b. 停用10kV自切/失压。

××供电公司

变 电 倒 闸 操 作 票

××站 编号：

发令时间	时　分		执行时间	年　月　日　时　分至　时　分		
操作任务	停用10kV自切/失压					
出票人		审票人		值班调度员		
接令人		操作人		监护人		
顺序	操　作　项　目					检查
1	取下10kV分段开关合闸压板					
2	取下1号主变压器10kV开关低电压跳闸压板					
3	取下2号主变压器10kV开关低电压跳闸压板					
4	拉开10kV一段自切电源小开关					
5	拉开10kV二段自切电源小开关					

c. 检查10kV分段开关在合上位置。

××供电公司

变 电 倒 闸 操 作 票

××站   编号：

发令时间	时　分	执行时间	年　月　日　时　分至　时　分		
操作 任务	检查 10kV 分段开关在合上位置				
出票人		审票人		值班调度员	
接令人		操作人		监护人	
顺序	操　作　项　目				检查
1	检查 10kV 分段开关合上位置				

d. 检查 2 号主变压器 10kV 开关在拉开位置；停用 2 号主变压器 10kV 遥控；2 号主变压器 10kV 从热备用改为开关检修。

××供电公司

变 电 倒 闸 操 作 票

××站   编号：

发令时间	时　分	执行时间	年　月　日　时　分至　时　分		
操作 任务	1. 检查 2 号主变压器 10kV 开关在拉开位置 2. 停用 2 号主变压器 10kV 遥控 3. 2 号主变压器 10kV 从热备用改为开关检修				
出票人		审票人		值班调度员	
接令人		操作人		监护人	
顺序	操　作　项　目				检查
1	检查 2 号主变压器 10kV 开关拉开位置				
2	2 号主变压器 10kV 遥控小开关从遥控改为就地				
3	摇出 2 号主变压器 10kV 开关				
4	检查 2 号主变压器 10kV 开关冷备用位置				
5	拉开 2 号主变压器 10kV 开关直流操作电源小开关				
6	拉开 2 号主变压器 10kV 开关交流储能电源小开关				

e. 检查 2 号主变压器 35kV 开关在拉开位置；停用 2 号主变压器 35kV 遥控；2 号主变压器 35kV 开关从热备用改为冷备用。

××供电公司

变 电 倒 闸 操 作 票

××站　　　　　　　　　　　　　　　　　　　　　　　　　编号：

发令时间	时　分		执行时间	年　月　日　时　分至　时　分		
操作任务	1. 检查 2 号主变压器 35kV 开关在拉开位置 2. 停用 2 号主变压器 35kV 遥控 3. 2 号主变压器 35kV 开关从热备用改为冷备用					
出票人		审票人		值班调度员		
接令人		操作人		监护人		
顺序	操 作 项 目					检查
1	检查 2 号主变压器 35kV 开关拉开位置					
2	2 号主变压器 35kV 遥控小开关从遥控改为就地					
3	摇出 2 号主变压器 35kV 开关					
4	检查 2 号主变压器 35kV 开关冷备用位置					

f. 2 号主变压器 35kV 从冷备用改为开关线路检修；2 号主变压器 35kV 线路避雷器从运行改为冷备用；2 号主变压器从冷备用改为变压器检修。

××供电公司

变 电 倒 闸 操 作 票

××站　　　　　　　　　　　　　　　　　　　　　　　　　编号：

发令时间	时　分		执行时间	年　月　日　时　分至　时　分		
操作任务	1. 2 号主变压器 35kV 从冷备用改为开关线路检修 2. 2 号主变压器 35kV 线路避雷器从运行改为冷备用 3. 2 号主变压器从冷备用改为变压器检修					
出票人		审票人		值班调度员		
接令人		操作人		监护人		
顺序	操 作 项 目					检查
1	检查 2 号主变压器 35kV 开关冷备用位置					

顺序	操 作 项 目	检查
2	拉开 2 号主变压器 35kV 开关直流操作电源小开关	
3	拉开 2 号主变压器 35kV 开关交流储能电源小开关	
4	检查 2 号主变压器 35kV 线路侧无电	
5	合上 2 号主变压器 35kV 线路接地闸刀，挂牌	
6	检查 2 号主变压器 35kV 线路接地闸刀合上位置	
7	摇出 2 号主变压器 35kV 线路避雷器闸刀	
8	检查 2 号主变压器 35kV 线路避雷器闸刀摇出位置	
9	在 2 号主变压器 35/10kV 两侧验电	
10	在 2 号主变压器 35/10kV 两侧放电	
11	在 2 号主变压器 35kV 侧挂接地线 号	
12	在 2 号主变压器 10kV 侧挂接地线 号	

（3）操作票应使用统一的调度术语。

（4）填写要清楚，严禁并项、漏项、添项以及划勾的方法颠倒顺序、字迹工整，用钢笔或圆珠笔填写，禁止用铅笔，重要文字（如设备名称、编号、调度术语）不得涂改，非重要文字每页涂改不得超过三字以上，且改后应清晰。

（5）在"顺序"栏上从头到尾对操作项目依次进行编序号。每个变电站的操作票应统一编号。

（6）在紧靠最后操作项目的空格处外，盖上"以下空白"图章；若某一操作项目不需要操作，则应在该项的"顺序"栏上盖上"此项不操作"图章；若从某一项目起，以下各项均不操作，则在该项"顺序"栏上盖上"以下各项停止操作"图章；若该份操作票作废或填写不合格，应盖"作废"图章。

4.3.2 不填写操作票的特例

（1）根据调度命令的下列操作：

1）事故处理。

2）拉合开关的单一操作。

3）拉开接地闸刀或拆除全站仅有的一组接地线。

4）拉闸限电。

上述各项操作后，应在值班记录簿上作好记录。

（2）不需命令的操作亦不填写操作票，但操作后，应尽快报告调度并做好记录。该类操作包括：

1）在出现危及人身安全或设备安全的情况时，对设备停电；

2）为已损坏设备脱离电源、隔离；

3）当母线失压，断开连接在母线上的断路器；

4）允许强送电的线路跳闸后，经检查设备无问题时，对该线路强送电；

5）通信中断，进行事故处理。

（3）不许调度命令，不填操作票，由正值班员发令，副值班员操作，操作完毕，作好记录。该类操作包括：

1）非调度管辖的设备。

2）按规定由值班员操作的设备。

4.3.3 微机打印操作票简介

现在已有一些操作较繁琐、较复杂的变电站使用微机打印操作票。它预先将各种倒闸操作票项目储存在微机里，运行人员在操作前根据倒闸操作任务清单，找到所需的倒闸操作票，并将其操作项目显示出来，检查其操作项目，且可以增减其中的操作项目。最后运行人员打印一份作为本次操作的操作票。它具有快速、准确、标准等优点，但应注意克服其不利于提高运行人员技术素质的缺点，因为在事故处理时，要求人员必须具备熟练地倒闸操作技术。

4.4 倒 闸 操 作 程 序

4.4.1 电气设备倒闸操作规定

（一）倒闸操作制度

倒闸操作是一项十分复杂、重要的工作。为了防止误操作事故的发生，保证电力系统的安全生产、经济运行，电气运行人员应严格遵守倒闸操作制度及有关方面的规定。

倒闸操作制度主要强调以下几个方面：

（1）操作指令的发受：属于系统调度管辖的设备，由系统值班调度员发令操作，且一个操作指令只能由一个值班调度员下达，每次下达操作指令，只能给一个操作任务，只有变电站的副值班员以上的当班人员，才能接受调度的操作指令，同时，必须履行一定的发令、受令程序。

（2）倒闸操作票的填写：倒闸操作前，必须根据调度下达的命令票的要求，按安全规定、现场规程和典型操作票，将操作项目按先后顺序填写成倒闸操作票，按调度命令的项目和顺序逐项操作。

（3）操作的监护：这是防止误操作事故发生的最后关卡，无论是简单操作或复杂操作，正常操作时都必须有合格的监护人进行监护。操作时，监护人应与操作人一起校对设备名称和编号，并始终认真监视操作人的每一个动作，发现错误，立即纠正。

（二）倒闸操作的有关规定

（1）倒闸操作至少有两人进行，一人操作，另一人监护。监护人应由比操作人职务高一级的人员担任，一般可由副值班员操作，正值班员监护。较为复杂的操作由正值班员操作，值班长监护。特别复杂的操作，应由值班长操作，站长或技术负责人监护。

（2）操作中发生疑问时，应立即停止操作，并向值班长或调度员询问清楚，不得擅自更改操作顺序和内容。

（3）操作中一定要按规定使用合格的安全用具（如验电器、绝缘棒等），操作人员应穿工作服、绝缘鞋（雨天穿绝缘靴），在高压配电装置上操作时，应戴安全帽。

（4）雷电时禁止进行倒闸操作。

（5）操作时，操作人员一定要集中精力，严禁边操作边闲谈或做与操作无关的事，非参与操作的其他值班人员，应加强监视，密切注视设备运行情况，做好事故预想，必要时提醒操作人员。

（6）为避免误操作的发生，除紧急情况及事故处理外，交接班时一般不要安排倒闸操作，条件允许时，重要的操作应尽可能安排在负荷低谷时进行，以减少操作时对电网的影响。

（7）倒闸操作应严格按照倒闸操作制度的要求进行。严格执行倒闸操作的两个阶段、十个步骤。

4.4.2 电气设备倒闸操作的实施过程及要求

倒闸操作应遵守下列程序：接受调度预令→填写操作票→审核操作票→发布命令→预演→核对设备→唱票操作→检查→操作汇报→复查评价。

（一）接受调度员的预发命令及信号

当值正班接受调度员预发命令时，要报清站名、互通姓名，明确操作目的、任务、停电范围及运行方式的变更、保护的变化、执行时间等，并复诵，记录下时间和下令人姓名，如有疑问应询问明确。

在枢纽变电站重要的倒闸操作，应有两人接受命令，其中一人监听并录音。

（二）填写操作票

接受调度命令后，应将其记录在值班记录簿上，确定监护人和操作人，按调度员发布的命令和操作票的填写内容和技术要求，核实模拟图板，实际一、二次设备状态，并可参照典型操作票，逐项填写清楚、无涂改。

一般下列内容应列入操作票（各地可能有某些差异，应根据现场规程或惯例进行），拉、合断路器及隔离开关，检查他们的分、合位置，验电、装拆接地线或拉、合接地刀闸，检查他们的分、合位置，拉合控制回路或二次电压回路的开关（或保险），切换保护回路或自动装置，检查表盘电压、负荷情况，开、闭运行变压器的冷却器阀门等。

填写操作票各项先后顺序应正确、合乎技术要求，每项只能一个操作步骤，并需用双重编号（设备名称及编号），例如荆高线 122 开关。

（三）审票

操作人（副值班员）填写好操作票后，先由自己核对，再交监护人（正值班员）核对，遇重大或复杂操作，应由站长审查，对上一班预先填写的操作票，即使不在本班执行，也需按规定审查，发现错误由操作人重新填写。

（四）发布命令

正式操作，由调度人员发布任务和命令，监护人、操作人同时接受，一般需由监护人按填好的操作票向发令人复诵，经双方核对无误后，在操作票上填写发令时间，并由操作人和监护人签名。

（五）预演

操作前，操作人、监护人先在模拟图板上按照操作票所列顺序逐项唱票预演，再次核对操作票的正确性，并相互提醒和明确操作的注意事项，如挂接地线应在模拟盘上标明位置，遇紧急命令可不预演，但事后要使模拟盘符合实际运行情况。

（六）核对设备

到达操作现场后，操作人先站准位置核对设备名称和编号，监护人核对操作人准备操作设备的名称、编号应正确无误，操作人穿戴好安全用具、准备操作。

（七）唱票操作

监护人根据操作票上顺序高声唱票，（命令）每次只准唱一步，操作人用手指点要操作的设备名称和编号，高声复诵，在一致认为无误后，监护人发出"对，执行"的命令，操作人开始操作，并记录开始操作的时间。若在操作中发生疑问，应立即停止操作，两人应重新审核操作票是否正确，直至两人均认为正确后，方可继续操作。

（八）检查

每步操作完以后，监护人在操作票上打"√"，同时两人应就地检查操作的正确性，如机械指示、信号指示、表针变化等，以确认设备的实际分、合位置，监护人勾票后，应告诉操作人下一步操作内容。

（九）操作汇报

操作结束后，应检查所有步骤是否操作完毕，然后由监护人在操作票上填写操作结束时间，并向调度汇报。

（十）复查评价，总结经验

变电站应加强操作票管理，统计并考核其合格率。

4.4.3 倒闸操作的注意事项

（1）倒闸操作前，必须了解系统的运行方式、继电保护及安全自动装置等情况，并应考虑电源、负荷的合理分布及系统运行方式的调整情况。

（2）在设备送电前，必须收回并检查有关工作票，拆除有关的安全措施（如接地开关、临时短路接地线、警告牌），测量绝缘电阻。在测量绝缘电阻时，必须隔离电源，进行放电，此外，还应检查断路器和隔离开关应在断开位置。

（3）在倒闸操作前，应考虑继电保护及安全自动装置整定值的调整，防止继电保护及安全自动装置误动或拒动而造成事故。

（4）备用电源自动投入装置、重合闸装置必须在所属主设备停运前退出运行，在所属主设备送电后投入运行。

（5）在进行电源切换或电源设备倒母线时，必须先将备用电源自动投入装置切除，操作结束后再进行调整。

（6）在进行同期并列操作时，应防止非同期并列，若同步表指针在零位晃动、停止或旋转太快，则不得进行并列操作。

（7）在倒闸操作中，应注意分析表计的指示，如在倒母线时，应注意电源分布的平衡，并尽量减少母联断路器的电流不超过限额，以防因设备过负荷而跳闸。

（8）在下列情况下，应切断断路器的操作电源，即取下直流操作熔断器：

1）断路器检修。

2）二次回路及保护装置有人工作。

3）在倒母线过程中拉合母线隔离开关、断路器旁路隔离开关及母线分段隔离开关时，必须取下母联断路器、分段断路器及旁路断路器的直流操作熔断器，以防带负荷拉合隔离开关。

4）在继电保护故障的情况下，应取下断路器直流操作熔断器，以防因断路器误合或误跳而造成停电事故。

5）油断路器缺油或无油时，应取下断路器直流操作熔断器，并用专用卡具卡死机构，以防止系统中发生故障开关而跳开该断路器时，造成断路器爆炸，此时可考虑由母联或旁路断路器代替其工作。

（9）操作中应用合格的安全工具（如验电器等），以防止因安全工具耐压不合格而在工作时造成人身和设备事故。

4.5 防误闭锁装置

4.5.1 管理原则

（1）防误闭锁装置应简单完善、安全可靠，操作和维护方便，能够实现"五防"功能，即：

1）防止误分、误合断路器；

2）防止带负载拉、合隔离开关或手车触头；

3）防止带电挂（合）接地线（接地刀闸）；

4）防止带接地线（接地刀闸）合断路器（隔离开关）；

5）防止误入带电间隔。

（2）新扩建变电工程或主设备经技术改造后，防误闭锁装置应与主设备同时投运。

（3）变电站现场运行专用规程应明确防误闭锁装置的日常运维方法和使用规定，建立台账并及时检查。

（4）高压电气设备都应安装完善的防误闭锁装置，装置应保持良好状态，发现装置存在缺陷应立即处理。

（5）高压电气设备的防误闭锁装置因为缺陷不能及时消除、防误功能暂时不能恢复时，可以通过加挂机械锁作为临时措施，此时机械锁的钥匙也应纳入防误解锁管理，禁止随意取用。

（6）防误装置解锁工具应封存管理并固定存放，任何人不准随意解除闭锁装置。

（7）若遇危及人身电网设备安全等紧急情况需要解锁操作，可由变电运维班当值负责人下令紧急使用解锁工具，解锁工具使用后应及时填写解锁钥匙使用记录。

（8）防误装置及电气设备出现异常要求解锁操作，应由防误装置专业人员核实防误装置确已故障并出具解锁意见，经防误装置专责人到现场核实无误并签字后，由变电站运维人员报告当值调控人员，方可解锁操作。

（9）电气设备检修需要解锁操作时，应经防误装置专责人现场批准，并在值班负责人监护下由运维人员进行操作，不得使用万能钥匙解锁。

（10）停用防误闭锁装置应经地市公司（省检修公司）县公司分管生产的行政副职或总工程师批准。

（11）应设专人负责防误装置的运维检修管理，防误装置管理应纳入现场运行规程。

4.5.2 日常管理要求

（1）现场操作通过电脑钥匙实现，操作完毕后应将电脑钥匙中当前状态信息返回给防误装置主机进行状态更新，以确保防误装置主机与现场设备状态对应。

（2）防误装置日常运行时应保持良好的状态：

1）运行巡视及缺陷管理应等同主设备管理；

2）检修维护工作应有明确分工和专人负责，检修项目与主设备检修项目协调配合。

（3）防误闭锁装置应由符合现场实际并经运维单位审批的五防原则。

（4）每年应定期对变电运维人员进行培训工作使其熟练掌握防误装置，做到"四懂三会"（懂防误装置的原理、性能、结构和操作程序、会熟练操作、会处缺和会维护）。

（5）每年春季、秋季检修预试前，对防误装置进行普查，保证防误装置正常运行。

4.5.3 接地线管理

（1）接地线的使用和管理严格按《电力安全工作规程》执行。

（2）接地线的装设点应事先明确设定，并实现强制性闭锁。

（3）在变电站内工作时，不得将外来接地线带入站内。

4.6 新设备投入的操作步骤

4.6.1 新设备投入运行前应具备的条件

（1）新设备的投入，有新建变电站和变电站扩建新设备投入两种，视投运工作的繁简，可由该工程建设单位组织由设计、施工、调度、生产（包括变电站运行人员）等部门组成的启动验收小组或委员会，该小组（或委员会）负责整个工程（包括设备）的验收，检查生产设备及投入运行的有关工作，负责协调和解决在设计、施工、调试及运行等方面存在的问题。

（2）新设备统一由调度部门命名、编号。

（3）应具有施工部门移交的图纸、资料、实验报告及安装调试记录以及相应的产品说明书。

（4）应具有制定并经批准的新设备现场运行规程。

（5）应具有调度部门制定的新设备投运启动方案。

（6）应具有由启动验收小组或委员会作出的同意新设备投入运行的结论。

4.6.2 新设备投入运行的程序

（1）新设备投入的验收检查。投入时，运行人员，应对设备的外观、标志、信号系统以及各设备（有可以投入运行的结论）等进行检查，必要时用短接保护装置触点的办法，试验其跳合闸的正确性，并与调度核对保护定值。

（2）新设备投入运行，还包括核相、定相、冲击合闸（主变压器五次、线路三次）、测量不平衡电流等工作。

投运时，每操作一步后，均需从设备的外观、声响及相应的二次表计、信号、继电器等进行细致的检查。

测量相序应在不同位置的两个电压互感器二次侧用相序表测出，以相同的结果为准。

35kV 及以下测定相位可在一次回路进行，用同一电压等级单相交流电压互感器，一次侧的引线用绝缘棒接到相应的两待定相位的高压相上 A、A′，B、B′及 C、C′，从电压互感器二次侧读出电压 $U_{aa'}$、$U_{bb'}$、$U_{cc'}$ 接近于零；$U_{ab'}$、$U_{bc'}$、$U_{ca'}$ 接近于 100V。当从两组电压互感器的二次侧核对相位时，也有上述相同的结果。

对侧变压器差动保护二次侧电流的六角图（相位关系）和不平衡电流时，应当注意在低负荷时是不准确的。

新设备投入运行后，应加强巡视。

（3）由施工单位负责新设备试运行 72h。

（4）施工单位移交新设备给运行单位，由运行单位负责新设备的正式运行。

4.6.3 一次设备的充电

（一）初充电

（1）初充电就是使新安装或大修后的设备，从不带电压到带额定电压的过程。在这样的一个过程中，电气设备的外界条件发生突然的变化。利用这个过程可以检验设备的某些性能是否满足运行的要求，主要是检验绝缘水平是否满足运行的要求。

（2）线路的初充电主要是利用在空载情况下断、合线路产生的较高的过电压，来检验断线路的绝缘水平。

（3）变压器初充电：

1）因为空载投、切变压器可能产生很高的过电压，最高可达到 2.5～3 倍额定电压，初充电就是利用这个电压来检验变压器的绝缘强度。

2）变压器在空载合闸时会产生很大的励磁涌流，该涌流将在变压器的绕组上产生很大的电动力，利用这个电动力可以检验变压器的内部构件的机械强度，可以发现安装质量上的问题，例如支撑不牢等。

3）利用变压器空载合闸时的励磁涌流来检验主变压器差动保护是否会误动，检查继电器的选型、整定、接线等是否符合要求。

（4）对其他一次设备的初充电主要是检查其绝缘水平及安装质量。

（二）设备充电时的有关要求

（1）所有新投入的一次设备充电时必须由有保护的断路器进行，严禁使用隔离开关进行充电。

（2）新设备的充电应由远离电源一侧的断路器进行，这种情况下充电时，系统的等值阻抗较大、短路电流较小，对设备的损坏程度较轻，另外，万一被充电的设备有故障而断路器拒动时，可以由后一级断路器延时切除故障，防止事故的扩大。为了防止充电断路器拒动而扩大事故范围，有条件时，可采用两台断路器串联的方式进行充电，例如在双母线接线的配电装置中，用母线断路器或旁路断路器串联线路断路器对线路进行充电。

（3）新设备的充电一般分段，逐步进行，以便在发生故障时可以很快地查出故障点。

（4）新投变压器的充电，一般应从高压侧进行，充电五次。第一次充电 10min，其余每次充电 5min，间隔 1min。大修后的变压器，应充电 3 次，充电时应将变压器的所有保护全部加用，差动保护、零序保护即使不能保证其极性的正确性也应加用，轻瓦斯保护采用短接线接跳闸回路，充电完毕后拆除短接线，恢复到原信号位置。

（5）新投入的线路及其他一次设备的初充电一般均为 3 次，每次 5min，间隔 1min。

（6）充电时，要严格监视被充电设备的充电情况，及时发现不正常现象，以便即使处理。

4.6.4 新设备充电时保护的配合

（1）新设备投入运行时，充电断路器的所有保护全部加用，如变压器保护、线路方向零序保护等均应加用。

（2）新设备投入运行时，充电断路器的带时限保护的时间应改到最小定值加用或将某些电气量定值更改后加用，对于功率方向元件应短接退出，防止因极性接反而拒绝动作。

（3）对那些可能受到影响不能正确工作且又影响其他设备正常运行的保护（主要是会发生误动的保护装置，如母线保护等）要先停用。

（4）充电断路器的重合闸装置必须停用，以防被充电设备故障，断路器跳闸后再重合。

（5）充电时，用于监视故障情况的各种自动装置均应完好并投入运行（如故障录波装置或故障探测仪等），必要时，可采用充电时联动启动的方式启动装置，使装置的启动更加可靠。

（6）新设备充电完毕转入正常运行前，应将保护的整定值恢复到正常运行的定值后再加用，对于某些未经带负荷校验，可能误动的保护要停用，以防止这些保护在带负荷正常运行后误动，影响系统的正常运行。

4.6.5 新投入的继电保护装置的带负荷检验

某些保护装置新投入运行，在没有带负荷的情况下，不能最后确定保护装置的接线是否正确，只有在投入运行，带上足够的负荷后，才能测量、检验其保护的接线和定值是否符合要求，所以在运行后要对这些保护（如零序方向保护、主变压器差动保护、母线差动保护等）进行带负荷检验工作，有时还要调整运行方式，以满足检验工作的要求。

（一）主变压器差动保护的带负荷检验

（1）主变压器差动保护在主变压器充电时应加用，因为即使其电流回路极性不正确，在主变压器充电时，仍能起到保护作用，但带上负荷后，若极性不正确，就会因有差流而误动作，因此，必须在带负荷前停用，停用后，再使主变压器带上负荷，检测各侧电流、二次接线及极性是否正确和检测差动继电器的差压是否满足要求。

（2）检测电流极性是否正确一般采用测量电流相位（通称测六角图）的方法，高压侧对中压测（低压侧断开）和高压侧对低压侧（中压侧断开）同相电流的相位互差180°为正确。

（3）六角图正确，还不能保证差动继电器内部接线正确，因此，还应测差回路的不平衡电流或电压，证实二次接线及极性正确无误后，才可将差动保护投入运行。

（二）母线差动保护的带负荷校验

新投断路器时，接入母线差动保护回路的电流极性必须进行带负荷校验工作，保证接线正确。操作时，应在断路器充电前将母线差动保护停用，带负荷后，测量保护回路的电流极性且正确后，再加用。具体步骤如下：

（1）将母线差动保护停用。

（2）进行充电操作。

（3）使断路器带上负荷后，由继电保护人员进行检验工作。

（4）检验保护回路的电流极性正确后，将母线差动保护加用。

（三）测中线不平衡电流

所有差动保护（母线、变压器、纵差、横差等）在投入运行前，除测定三相回路及差回路电流外，必须测各中性线的不平衡电流，以确定回路是否完整正确。

（四）具有方向性的线路保护的带负荷校验

具有方向性的线路保护，如方向过流保护、零序方向过流保护、距离保护、高频相差保护、高频方向保护、高频闭锁距离保护、零序保护等。这类保护接线的正确性对装置的正确工作十分重要，但在安装接线时，其接线的正确性又难以保证，很容易接错，因此也必须进行带负荷校验，以保证其接线的正确性。

线路投运时，应对其进行充电试验，以检验其绝缘水平是否符合要求，充电时，尽管上述这些具有方向性的线路保护的方向性不一定正确，但也必须加用，因为当被充电线路有故障时若线路保护的方向性正确，保护装置就能够正确动作，切出故障，即使其方向性不正确，将其加用也无不良后果。

对于方向过流保护和零序方向过流保护，充电前，应将其方向元件的执行触点短接，取消装置的方向性，使其成为普通的过流保护或零序过流保护，以便在被充电线路有故障时，即使方向搞反，装置也能可靠动作，切除故障，待带负荷进行方向性校验正确后，再拆除短接线，投入方向元件。

上述这些保护在新投时的配合操作步骤如下：

（1）方向过流保护或零序方向过流保护：

1）将方向继电器触点短接后，再将保护加用。

2）对新线路进行充电操作。

3）使线路带上负荷。

4）将该保护停用，由继电保护人员进行方向校验工作。

5）校验方向正确后，将保护加用，并拆除方向继电器触点短接线。

（2）距离保护或高频相差保护、高频方向保护等：

1）将保护加用。

2）对线路进行充电操作。

3）使线路带上负荷。

4）将该保护停用，由继电保护人员进行方向校验工作。

5）校验方向正确后，将保护加用。

4.6.6 新设备投运时的核相

当相序不同的两电源系统或接线组别不同的变压器（或电压互感器）合环（并列）时，将会造成短路事故，因此，严禁将相序不同的电源系统或接线组别不同的变压器（或电压互感器）进行合环（或并列）。

所谓核相，就是核实需要合环（或并列）的两个电源系统（或变压器、电压互感器）的相序是否一致，并且正确。

实际核相是通过测量（直接或间接）待并系统（变压器和电压互感器也可以看作电源）同名相电压差值和非同名相电压差值的方法来进行的。同名相电压差值应为零，非同名相电压差值应为对应的线电压差值，符合这一原则就正确，否则就不正确。

下列情况必须进行核相试验：

（1）变压器（或电压互感器）新安装或大修后投入。

（2）变压器（或电压互感器）变动过内外接线或接线组别。

（3）电源线路（或电缆）接线更动，或走向发生变化。

核相试验有直接核相和间接核相两种。直接核相适用于电压互感器及低压侧为380/220V的变压器，核相时直接用万用表或电压表测量。间接核相适用于一切高压系统。核相时，通过电压互感器进行。间接核相前，应首先对核相用的电压互感器进行自核相，以保证和相电压互感器接线的正确性。

5

变电设备异常及事故处理

5.1 变电设备异常及事故处理原则

电力系统发生的事故中可分为两类：一是设备事故，如设备绝缘损坏，设备事故将造成系统局部停电；二是全系统的停电或局部地区的停电事故。系统事故又可导致设备损坏，例如系统故障造成的过电压。因此，运维人员首先应以"预防为主"，避免事故的发生，及时消灭事故隐患。这就需要运维人员加强巡视，进行设备状态评价，做好设备管理（缺陷管理）工作。保证设备正常运行。还要做好事故预想分析，一旦发生事故须迅速、正确进行处理，防止事故扩大。

5.1.1 意义及分类

电气设备的异常是指它的各种运行的物理量（参数）超出正常规定范围。它包括缺陷、障碍和事故。

按事故原因可分为：

（1）变电事故：误操作，保护误动、拒动，绝缘不良，站用电中断，直流中断，开关故障，爆炸，短路，过电压，污闪，雷击，检修返工延期，其他等。

（2）系统事故：稳定破坏，系统解列，低频率，低（高）电压，误调度.保护误动、拒动，通信失灵，远动故障，其他等。

按事故责任分类有：

（1）发供电人员过失：运维人员（包括地区调度人员），检修人员，试验人员，领导人员及其他。

（2）中心机构人员过失：调度人员，继电保护人员，远动人员，通信人员，领导人员。

（3）上级机构人员过失：例如设备严重缺陷，多次申请停下检修而未予以安排，以致因此而造成事故。

（4）其他单位过失：设计单位，制造单位，安装单位，修造单位，试验研究单位。

（5）自然灾害：水灾，覆冰，暴风，浓雾，雷害，地震，其他。

（6）其他方面：外力损坏，用户影响，其他。

常见的变电严重事故有：

（1）主要设备绝缘损坏，如外部短路引起主变压器绝缘损坏。

（2）继电保护和自动装置误动或拒动。

（3）绝缘子污闪或损坏。

（4）触头接触不良发热、引火断线，导线及架空地线断线。

（5）误操作。

（6）高压断路器缺油、油质不合格。SF_6 气体泄漏及操作机构不良。

（7）雷害、自然灾害、外力破坏。

（8）绝缘套管及电缆头损坏。

5.1.2　事故处理的一般原则

（1）值班调控员在其值班期间，为其管辖范围内系统事故处理的指挥人，对处理事故的正确和迅速负责。调控负责人必要时给值班调控员以相应的指示。

处理事故时，值班调控员和全体运维值班人员应遵照下列基本原则：

1）迅速限制事故的发展，消除事故的根源，解除对人身、设备和电网安全的威胁；

2）用一切可能的方法保持正常设备的运行和对重要用户及厂用电的正常供电；

3）电网解列后要尽快恢复并列运行；

4）尽快恢复对已停电的地区或用户供电；

5）调整并恢复正常电网运行方式。

（2）当发生事故或异常情况时，有关单位值班人员应迅速正确地向值班调控员进行事故汇报。事故汇报可分为两个阶段：

第一阶段：在电网事故发生后应首先向相关调度汇报事故发生时间、故障元件相关保护跳闸情况、开关变位信息。现场无人值班、值守的变电站应由相关调度的监控人员进行汇报，现场有人值班、值守的变电站应由运维值班人员进行汇报。各级调度在接到监控人员和运维值班人员的事故汇报后应核对本单位的自动化信息，及时与监控人员和相关变电站进行信息反馈沟通。

第二阶段：在前次事故汇报的基础上，运维值班人员应在事故勘察告一段落后详尽地汇报事故情况，包括站内一/二次设备事故后的状态及频率、电压、潮流的变化，事故设备情况（故障点是否找到并隔离与否），故障录波动作情况等。

无人值班场所发生事故时，事故处理负责人到达现场后，应及时、清楚、正确地将事故现场的全部情况报告有关值班调控员。

（3）处理事故时，对系统运行有重大影响的操作（如改变电气接线方式、变动出力等）均应得到值班调控员的指令或许可后才能执行。如符合现场自行处理的事故，应一边自行处理，一边向值班调控员作简明报告，事后再详细报告。

（4）为了迅速处理事故和防止事故扩大，下列各项紧急操作，可由现场运维值班人员（或现场事故处理负责人）不待调度指令，先行处理，然后报告有关值班调控员。

1）将直接对人员生命有威胁的设备停电；

2）运行中的设备有受损伤的威胁时，根据现场事故处理规程的规定，加以停用或隔离；

3）确知无来电的可能，将已损坏的设备隔离；

4）当站用电部分或全部停电时，应恢复其电源；

5）其他在本规程或现场规程中规定可以不待值班调控员指令自行处理的操作。

（5）系统发生电网紧急情况，造成人员密集区域停电（注：35kV及以上变电站全停）、轨道交通停运、化工企业全停及重要、敏感用户全停，值班调控员可不待现场确认事故原因，仅根据监控系统事故信息进行判断，并通过遥控开关隔离故障设备后，对失电设备进行送电操作。

1）值班调控员可将相关调度的监控人员或运维中心站运维人员汇报的监控系统事故信息作为事故初步判断、处置的依据，开关变位应以监控系统中的开关变位信息和开关状态信息为准，保护动作应以监控系统中的保护动作信息为准；

2）可采用遥控等方式，尽快将相关开关改为热备用，对故障点进行有效隔离。此情况下，用以隔离故障设备的开关应无异常信号出现；

3）出现下列情况之一的，不得对设备进行送电：

a. 设备为新启动投产设备（正在启动过程中）、试运行设备；

b. 设备故障时伴随有明显的事故象征，如电网振荡等。

（6）隔离故障设备后，对失电设备送电应注意事项：

1）实施送电操作前，值班调控员应先确认送电开关无异常信号出现；

2）正确选择充电端，应选择对电网影响较小的站侧；

3）送电前，应确保有关主干线路的输送功率在规定的限额内；

4）送电后，如果变压器等设备的输送功率超过规定的限额，应及时采取有效措施降低输送功率；

5）如电网电源设备跳闸引起下级或多级设备失电，送电时可连带全站停电负荷或重要用户失电负荷一起优先送电；

6）对变压器进行送电时，现场有人可操作变压器中性点接地闸刀的变电站，应合上变压器中性点接地闸刀，现场无人操作变压器中性点接地闸刀的变电站，变压器中性点可不接地；

7）在对线路进行送电时，无须停用线路重合闸；

8）应考虑不会因送电操作导致小系统非同期并列和系统稳定遭到破坏；

9）值班调控员在送电之前，应预先通知相关运维人员，确认送电设备无现场人员工作。

（7）事故处理时，现场运维值班人员应将调度操作指令记录于空白操作票或操作记录中，并执行发令、复诵、汇报和录音制度，必须使用统一调度术语，指令汇报内容应简明扼要。为加快事故处理速度，若在紧急事故处理过程中值班调度采用："紧急发令：×××操作步骤，发令时间××：××"之发令方式，则相关运维值班人员应立即以"紧急发令"为标志，启动各自的事故紧急处理机制，包括不填写操作票之操作方式等，加快事故处理进程。

各变电站的事故紧急处理机制，包括操作、人员配置、指挥协调等流程制度应定期上报相关调备案，并实施定期修订、演习，由相关调度核准其标准紧急处理时间节点，在实际事故处理中接受考核。

（8）现场事故处理抢修人员的直属领导，有权向抢修人员发出有关处理方法的指示，但不得与值班调控员的指令相抵触。

（9）变电站发现火警时，现场人员除设法扑救外，应立刻报火警；当火势猛烈，需要切断电源时，应向值班调控员提出要求；若情况紧急，可自行切断电源，事后应向值班调控员汇报。切断电源应用开关操作。

5.2 变电运行事故处理

5.2.1 线路断路器跳闸事故

1. 现象分析

跳闸后，绿灯闪光，电流表、功率表指示到零，警铃及喇叭响、保护动作并掉牌，且系统中电流、电压等有冲击现象。若重合闸发出信号，且断路器绿灯闪光一定时间后，红灯又亮，则重合闸动作，且重合成功。若重合闸发出信号，但断路器绿灯一直闪光，则重合闸动作，重合不成功。

2. 处理步骤

（1）直馈线路：

1）解除音响和光字牌、掉牌信号，并作好记录。

2）检查该回路一次设备状况，是否具备送电条件，并汇报调度员。

3）若具备送电条件，可以退出重合闸，征得调度员同意后，对该线路试送一次。待试送成功，可恢复重合闸，并汇报调度员；若试送失败，汇报调度员听候处理。

有特殊规定的线路断路器跳闸时，应根据规定的办法执行。例如某直馈线路所供用户有大型同步电机，要求该线路断路器跳闸后，需在 5min 以后送电。

（2）并列线路：

1）立即检查保护及重合闸的动作情况，汇报调度，听候处理，运行人员不得任意试送，否则可能造成非同期合闸。

2）无论是检同期侧还是检无压侧，在线路断路器跳闸后，均不允许停用重合闸压板和将控制开关把手复位，应等线路无压或同期时，断路器自动重合，或者在调度的命令下试送电和进行其他操作。

5.2.2 线路断线事故

1. 现象分析

当线路断线时，该线路的一相电流表指示为零。

2. 处理步骤

（1）首先停用有关线路断路器保护压板。

（2）检查本站回路有无断线情况。

（3）汇报调度、听候处理。

5.2.3 变压器轻瓦斯保护动作处理

若气体继电器存有气体，应用专用取样器收集，同时取油样，一并作色谱分析；余下没有送检的气体，可作色、味、可燃性试验；若无气体，亦应取油样，作色谱分析。

通知继电保护人员检查二次回路，是否有因绝缘击穿等引起轻瓦斯保护误动。检查储油柜到气体继电器油道阀门是否关闭堵油，导致误动；检查分析是否油位过低，侵入空气或内部故障等。

若色谱分析无异常，一般可继续运行，否则应停运试验，进行综合判断。

若侵入空气使轻瓦斯保护动作频繁，并逐次缩短，应及时报告总工程师和调度员，决定是否将重瓦斯保护改接信号，防止误跳闸。

5.2.4 变压器自动跳闸处理

报告调度员，如有备用变压器，首先投入备用。

对变压器及其回路进行检查，如非变压器内部故障，可经调度同意后恢复运行。但是，若系重瓦斯保护或差动保护动作，如使变压器恢复运行，应经有关技术领导批准。否则，应进行内部检查试验。

5.2.5 系统中发生单相接地故障

在中性点经消弧线圈接地或不接地系统中发生一相接地时，允许短时间运行而不切断故障点，但应尽快地查找和隔离故障点，防止单相接地发展为两相接地短路故障。

1. 现象分析

（1）接地光字牌亮，警铃响，发消弧线圈动作信号。

（2）由于接地的程度不同，绝缘监察电压表三相指示各不相同。完全接地故障时，接地相电压为零或接近为零，非故障相电压各升高；非完全接地故障时，接地相电压降低，非故障相电压升高。

（3）发生间歇接地故障时，接地相电压时减时增，非故障相电压时增时减或有时正常。

2. 寻找接地故障的方法

（1）分割电网法。即把电网分割成电气上不直接连接的几个部分。分网时，应注意分网后各部分的功率平衡、保护配合、电能质量和消弧线圈的补偿等情况。

（2）电网分开后，就可以知道接地故障的范围。然后利用自动重合闸对线路作短时的拉、合闸试验。若在拉开断路器时，绝缘监察与仪表恢复正常，即证明断开的这条线路发生了接地。

（3）拉合试验的顺序：

a. 首先是双回路或有其它电源的线路。

b. 分支最多、最长，负荷轻或次要用户的线路。

c. 分支较少、较短，负荷较重要的线路。

d. 双母线时，可用倒换备用母线的方法，检查母线系统、双台变压器及其配电装置。

e. 单母线、单台变压器及其配电装置。

上述顺序应结合当时的具体情况灵活应用。

接地故障线路查出后，对一般非重要用户的线路，按现场反事故措施规定，可立即将其停用；如果故障点在重要用户的线路上，应转移负荷，或者通知用户作好停电准备，再将其停用。

3. 处理接地故障时的注意事项

（1）发生接地故障时，应严密监视电压互感器，防止其严重发热。

（2）当发生不稳定性接地，并危及系统设备的安全时，经调度同意，可使用人工接地方法恢复不稳定接地点的介质强度，并最后消除人工接地点。

（3）不得用隔离开关拉开接地点，如必须用隔离开关断开接地点时，可在故障相经断路经人工接地，然后用隔离开关拉开接地点。

5.2.6 系统频率降低的事故处理

若系统频率降到低频减负荷装置的额定频率以下时，低频减负荷装置仍未动作，应判断为其拒动，运行人员应手动拉开低频减负荷装置切除的线路断路器；对于没有装设低频减负荷装置的变电站、运行人员应按调度部门已预先制定的"拉闸顺序表"中的规定，分别切断既定的线路。

当系统频率降低到 46Hz 以下时，变电站运行人员应在得到调度紧急命令后立即拉开有关用户的断路器。

5.2.7 母线失压的事故处理

1. 母线失压的原因

母线失压是变电站最严重的事故之一，因为它造成母线上的全部设备失电，引起大面积的停电。不论是何种原因引起母线失压，都具有两个基本的现象：

（1）母线电压表指示为零。

（2）母线上所有设备的有功、无功功率表和三相电流表指示均为零。

母线失压的原因有：母线发生短路故障、电源中断、母线差动保护误动以及因送电线路故障引起的越级跳闸。

2. 母线发生短路故障的处理

发生这种事故时，系统有强烈的冲击现象，并且警铃、喇叭响，母线差动保护动作，使该母线上的断路器跳闸。另外，在故障处可能有爆炸、冒烟或起火等现象。

此时，运行人员应立即拉开该母线上的所有断路器，然后检查故障点。若故障点在母线隔离开关以外，应将隔离开关拉开，再恢复该母线的正常供电；若故障点在母线，则该母线不能送电。双母线接线方式时，应将该母线上各断路器倒至备用母线或另一运行母线上，恢复正常供电，然后再处理故障母线。

3. 主母线电源中断的事故处理

因电源中断造成本站母线失压时，本站断路器、保护及自动装置、电气设备均无异常现象，此时应拉开母线上的全部断路器，汇报调度，询问原因，等待来电。

有两个或两个以上电源的变电站，为了防止非同期合闸，应轮流间隔 2～5min 合上可能来电的电源线路断路器。若已来电则应迅速恢复该母线上断路器供电，但是，另一电源线路断路器应待调度命令合上，或者待其有电时检同期合上该断路器。变电站为双母线接线时，可将不同电源线路断路器分别连接在两条母线上等候来电，可以利用母联断路器检同期并列。

单电源变电站，合上电源线路断路器，等候来电，若电已来，应迅速恢复各断路器供电。

4. 送电线路故障越级跳闸的处理

当送电线路发生故障时，该线路保护应该动作，使该线路断路器跳闸，切除故障，但是由于该路保护装置拒动或其断路器拒动跳闸时，引起其他设备的后备保护或断路器失灵保护（如果装设有该保护）装置动作，使母线电压消失，事故扩大。

在处理这种事故时，应按下列步骤进行：

（1）首先检查有无线路的保护掉牌，若有线路保护掉牌，并且失灵保护装置动作，母线上其他断路器均跳闸，则判断为该线路断路器失灵所致，应将其隔离（例如拉开母线隔离开关），再逐一恢复其他路的送电。若未装失灵保护，则操作如下：

1）拉开该母线上的其他各断路器。

2）检查一次设备有无故障现象，若还有故障现象，应将其隔离。

3）合上某一电源断路器，对该母线充电，如正常，则可逐一合上该母线上的断路器进行送电。

（2）若某线路保护拒动，没有任何保护掉牌，先拉母线上所有断路器，再逐一合上各路断路器。当合上某一断路器时，又引起母线失压，则判断为该线路保护拒动引起，应将其隔离，并恢复其它断路器的供电。

5. 母线保护误动作

母线差动保护误动与其他原因引起母线失压的区别是：该母线上的断路器全部跳闸，并且母线上一次设备经检查无故障现象。若系直流接地引起母线差动保护误动时，则还应有直流接地现象；若系电流回路断线引起其误动作，应有母线差动保护交流回路断线信号。

处理这种事故时，应先将该母线上的控制开关把手复位，并退出母线差动保护，选用一电源对母线充电，当充电正常后，即可恢复正常运行方式。

5.2.8 铁磁谐振的事故处理

当铁磁谐振时，电流、电压发生突变或不正常增大，变压器和电压互感器均发出不正常的声音，表计指示摆动较大，频率低，高压母线绝缘子有放电声响。引起铁磁谐振的原因多种，但是铁磁谐振条件均是串联或并联电容和电感的电抗相等，一般在电气设备投入时容易产生这种铁磁谐振。为此，在发生铁磁谐振时应立即用断路器断开谐振点（充电电源断路器），然后按下列任一措施处理，使电容和电感的电抗不相等，再重新继续操作，就不会产生铁磁谐振。

（1）投入待充电母线上的空载线路。

（2）投电压互感器开口三角绕组侧的消谐电阻器。

（3）改变操作方式，将变压器中性点接地，待操作完毕后，再将变压器中性点接地刀闸拉开。

5.2.9 虚幻接地的事故处理

所谓虚幻接地是指虽发出接地信号，但实际并不存在接地故障。产生虚幻接地可能有以下原因：

（1）合闸于空母线。

（2）高压系统零序电压通过变压器高、低压绕组间电容传递到低压系统。

（3）当高压系统为经消弧线圈接地系统时，低压系统零序电压通过变压器高、低压绕组间电容传递到高压系统。

（4）一台消弧线圈同时接在两台变压器的中性点上。

当发生虚幻接地时，应立即汇报调度，采取改变系统运行方式等方法予以消除。

5.2.10 系统振荡的事故处理

1. 现象分析

（1）变压器、线路的功率表和电流表指针周期性地剧烈摆动，变压器有不正常的周期性轰鸣声。

（2）失去同期的两系统间的联络线的输送功率往复摆动。

（3）系统电压波动，电灯忽明忽暗。

（4）送端系统频率升高，受端频率降低，并略有摆动。

2. 系统震荡的处理

系统振荡时，有调相机的变电站，应迅速增加调相机的励磁电流，将电压提高到最大允许值，促使系统迅速恢复稳定。当系统频率降到48.5Hz，立即按事故限电顺序表拉闸限电，有振荡解列装置的变电站，当其动作跳闸时，应立即汇报调度，没有调度的允许禁止试送电。若振荡是因为调相机失磁引起，应不等待调度命令，即将调相机解列。

当振荡经历3～4min后，仍未消除，调度员应在事先规定的适当地点将系统解列运行．解列后两个系统可以保持稳定，待两个系统恢复稳定后，将两个系统恢复并列运行。

5.2.11　变电站全部停电事故处理

首先应确切判明是否各电源线均全部切除，各母线上均无电压，不可因照明等全停而误判断。

站内母线运行于多电源来电时，要注意突然来电可能产生非同期并列。例如，可将一个母线带一个电源，而将母联断路器断开。

非电源线路可以不必断开，以使迅速复电。

如为单母线，调度通信中断，又是多电源，应将断开的电源线路轮流接入母线上，检查是否来电。

5.3　误操作事故处理

5.3.1　误拉断路器

（1）若误拉线路的断路器，禁止将该断路器直接合上，否则可能造成非同期合闸，应在调度的指挥下进行操作。

（2）若误拉直馈线路的断路器，为了减小损失，允许立即合上该断路器；但若用户要求该线路断路器跳闸后间隔一定时间才允许合上时，则应遵守其规定。例如，某线路所供的用户有大型同步电机，要求该线路断路器在跳闸后5min才允许送电。

5.3.2　误操作隔离开关

（1）误合隔离开关，即使合错，甚至在合闸时发生电弧，也不准将隔离开关再拉开，因为带负荷拉隔离开关，将造成三相弧光短路事故。如果误合隔离开关后，造成电气设备损坏时，应在调度指挥下先拉开其断路器，然后将其拉开。

（2）误拉隔离开关在闸刀刚离刀嘴时便发出电弧，这时应立即合上隔离开关，可以消灭电弧，避免事故。如果隔离开关已全部拉开，则不允许将误拉的隔离开关再合上。在误拉隔离开关造成事故时，其断路器在保护装置的作用下跳闸，从而限制事故的范围；如果误拉隔离开关未造成事故，应在调度指挥下先拉开其断路器，再合上该隔离开关，然后按上述误拉断路器的处理方法恢复送电。

如果是单相隔离开关，操作一相后发现错拉，对其他两相则不应继续操作，应该拉开其断路器之后，方能（根据需要）合上或拉开其他两相隔离开关，以便复电或停电。

5.3.3 带地线合闸

带地线合闸包括带电挂地线和带地线送电两种情况。

带电挂地线是指尚未停电时将其接地，造成系统短路接地事故，将引起保护装置动作，跳开其断路器。此时，运行人员应将设备停电，再验明该设备无电压后，然后悬挂地线。

带地线送电是指设备的接地线并未拆除时，对其送电，造成系统短路接地事故，将引起保护装置动作，跳开其断路器。运行人员应拆除接地线，并检查一次设备无异常现象，方可送电。

5.3.4 交流二次回路误操作

1. 交流二次电流回路开路

由于交流二次电流回路未短接或跨接，当运行人员拆除交流电流回路或者拔出电流继电器时，会造成其开路。此时看见二次端子有弧光时，应立即将二次交流电流回路或继电器复原。

2. 交流二次电压回路短路

运行人员在二次电压回路工作，造成短路，引起电压互感器侧自动空气开关跳闸或熔断器熔断，应立即停用失压后会误动的保护及自动装置，消除短路故障，将二次电压恢复正常后，投厂停用的保护及自动装置。

5.4 反 事 故 措 施

为适应电网发展需要，进一步提高电网安全水平，国家电网公司在广泛征求意见、组织专家充分讨论的基础上，编制了《国家电网公司十八项电网重大反事故措施（2018年修订版）》，内容涵盖电网生产运行的各个环节，对于及时防范电网事故具有很强的指导意义。

5.4.1 防止人身伤亡事故

1. 加强各类作业风险管控

根据工作内容做好各类作业各个环节风险分析，落实风险预控和现场管控措施。

1）对于开关柜类设备的检修、预试或验收，针对其带电点与作业范围绝缘距离短的特点，不管有无物理隔离措施，均应加强风险分析与预控。

2）对于隔离开关的就地操作，应做好支柱绝缘子断裂的风险分析与预控，监护人员应严格监视隔离开关动作情况，操作人员应视情况做好及时撤离的准备。

2. 加强安全工器具和安全设施管理

（1）认真落实安全生产各项组织措施和技术措施，配备充足的、经国家认证认可的质检机构检测合格的安全工器具和防护用品，并按照有关标准、规程要求定期检验，禁止使用不合格的工器具和防护用品，提高作业安全保障水平。

（2）对现场的安全设施，应加强管理、及时完善、定期维护和保养，确保其安全性能和功能满足相关规定、规程和标准要求。

3. 加强运行安全管理

（1）严格执行"两票三制"，落实好各级人员安全职责，并按要求规范填写两票内容，确保安全措施全面到位。

（2）强化缺陷设备监测、巡视制度，在恶劣天气、设备危急缺陷情况下开展巡检、巡视等高风险工作，应采取措施防止雷击、中毒、机械伤害等事故发生。

5.4.2 防止电气误操作事故

1. 加强防误操作管理

（1）切实落实防误操作工作责任制，各单位应设专人负责防误装置的运行、检修、维护、管理工作。防误装置的检修、维护应纳入运行、检修规程，防误装置应与相应主设备统一管理。

（2）加强运行、检修人员的专业培训，严格执行操作票、工作票制度，并使两票制度标准化，管理规范化。

（3）严格执行调度指令。倒闸操作时，严禁改变操作顺序。当操作发生疑问时，应立即停止操作并向发令人报告，并禁止单人滞留在操作现场。待发令人再行许可后，方可进行操作。不准擅自更改操作票，不准随意解除闭锁装置。

（4）应制订和完善防误装置的运行规程及检修规程，加强防误闭锁装置的运行、维护管理，确保防误闭锁装置正常运行。

（5）应制定完备的解锁工具（钥匙）管理规定，严格执行防误闭锁装置解锁流程，任何人不准随意解除闭锁装置，操作人员和检修人员禁止擅自使用解锁工具（钥匙）。

（6）防误闭锁装置不能随意退出运行。停用防误闭锁装置应经本单位分管生产的行政副职或总工程师批准，短时间退出防误闭锁装置应经变电站站长、操作或运维队长、发电厂当班值长批准，并应按程序尽快投入运行。

2. 完善防误操作技术措施

（1）新、扩建变电工程或主设备经技术改造后，防误闭锁装置应与主设备同时投运。

（2）断路器或隔离开关电气闭锁回路不能用重动继电器，应直接用断路器或隔离开关的辅助触点；操作断路器或隔离开关时，应确保待操作断路器或隔离开关正确，并以现场状态为准。

（3）防误装置电源应与继电保护及控制回路电源独立。

（4）采用计算机监控系统时，远方、就地操作均应具备防止误操作闭锁功能。利用计算机实现防误闭锁功能时，其防误操作规则应经本单位电气运行、安监、生技部门共同审核，经主管领导批准并备案后方可投入运行。

（5）成套 SF_6 组合电器（GIS/PASS/HGIS）、成套高压开关柜五防功能应齐全、性能良好，出线侧应装设具有自检功能的带电显示装置，并与线路侧接地刀闸实行联锁；配电装置有倒送电源时，间隔网门应装有带电显示装置的强制闭锁。

（6）同一变压器三侧的成套 SF_6 组合电器（GIS/PASS/HGIS）隔离开关和接地刀闸之间应有电气联锁。

3. 加强对运行、检修人员防误操作培训

每年应定期对运行、检修人员进行培训工作，使其熟练掌握防误装置，做到"四懂三会"（懂防误装置的原理、性能、结构和操作程序，会熟练操作、会处缺和会维护）。

5.4.3 防止重要客户停电事故

（1）完善重要客户入网管理：

1）供电企业应制定重要客户入网管理制度，制度应包括对重要客户在规划设计、接线方式、短路容量、电流开断能力、设备运行环境条件、安全性等各方面的要求；对重要客户设备验收标准及要求。

2）供电企业对属于非线性、不对称负荷性质的重要客户应进行电能质量测试评估，根据评估结果，重要客户应制定相应无功补偿方案并提交供电企业审核批准，保证其负荷产生的谐波成分及负序分量不对电网造成污染，不对供电企业及其自身供用电设备造成影响。

3）供电企业在与重要客户签订供用电协议时，应按照国家法律法规、政策及电力行业标准，明确重要客户供电电源、自备应急电源及非电保安措施配置要求，明确供电电源及用电负荷电能质量标准，明确双方在电气设备安全运行管理中的权利义务及发生用电事故时的法律责任，明确重要客户应按照电力行业技术监督标准，开展技术监督工作。

（2）合理配置供电电源点：

1）特级重要客户具备三路电源供电条件，至少有两路电源应当来自不同的变电站，当任何两路电源发生故障时，第三路电源能保证独立正常供电。

2）一级重要客户具备两路电源供电条件，两路电源应当来自两个不同的变电站，当一路电源发生故障时，另一路电源能保证独立正常供电。

3）二级重要客户具备双回路供电条件，供电电源可以来自同一个变电站的不同母线段。

4）临时性重要客户按照供电负荷重要性，在条件允许情况下，可以通过临时架线等方式具备双回路或两路以上电源供电条件。

5）重要客户供电电源的切换时间和切换方式要满足国家相关标准中规定的允许中断供电时间的要求。

（3）加强为重要客户供电的输变电设备运行维护：

1）供电企业应根据国家相关标准、电力行业标准、国家电网有限公司制度，针对重要客户供电的输变电设备制定专门的运行规范、检修规范、反事故措施。

2）根据对重要客户供电的输变电设备实际运行情况，缩短设备巡视周期、设备状态检修周期。

（4）加强对重要客户自备应急电源检查工作。重要客户自备应急电源应在供电企业登记备案，供电企业应对重要电力客户配置的自备应急电源进行定期检查，重点检查重要客户。

自备应急电源配置使用应符合以下要求：

1）重要客户自备应急电源配置容量标准应达到保安负荷的 120%。

2）重要客户自备应急电源启动时间应满足安全要求。

3）重要客户自备应急电源与电网电源之间应装设可靠的电气或机械闭锁装置，防止倒送电。

4）重要客户自备应急电源设备要符合国家有关安全、消防、节能、环保等技术规范和标准要求。

5）重要客户新装自备应急电源投入切换装置技术方案要符合国家有关标准和所接入电力系统安全要求。

6）重要电力客户应按照国家和电力行业有关规程、规范和标准的要求，对自备应急电源定期进行安全检查、预防性试验、启机试验和切换装置的切换试验。

7）重要客户不应自行变更自备应急电源接线方式。

8）重要客户不应自行拆除自备应急电源的闭锁装置或者使其失效。

9）重要客户的自备应急电源发生故障后应尽快修复。

10）重要客户不应擅自将自备应急电源转供其他客户。

（5）督促重要客户整改安全隐患。对属于客户责任的安全隐患，供电企业用电检查人员应以书面形式告知客户，积极督促客户整改，同时向政府主管部门沟通汇报，争取政府支持，做到"通知、报告、服务、督导"四到位，实现客户责任隐患治理"服务、通知、报告、督导"到位率 100%，建立政府主导、客户落实整改、供电企业提供技术服务的长效工作机制。

5.4.4　防止大型变压器损坏事故

1. 防止变压器出口短路事故

（1）加强变压器选型、定货、验收及投运的全过程管理。应选择具有良好运行业绩和成熟制造经验生产厂家的产品。240MVA 及以下容量变压器应选用通过突发短路试验验证的产品

（2）在变压器设计阶段，运行单位应取得所订购变压器的抗短路能力计算报告及抗短路能力计算所需详细参数，并自行进行校核工作。

（3）110（66）kV 电压等级的变压器应按照监造关键控制点的要求进行监造，有关监造关键控制点应在合同中予以明确。监造验收工作结束后，监造人员应提交监造报告，并作为设备原始资料存档。

（4）变压器在制造阶段的质量抽检工作，应进行电磁线抽检；根据供应商生产批量情况，应抽样进行突发短路试验验证。

（5）为防止出口及近区短路，变压器 35kV 及以下低压母线应考虑绝缘化；10kV 的线路、变电站出口 2km 内宜考虑采用绝缘导线。

（6）全电缆线路不应采用重合闸，对于含电缆的混合线路应采取相应措施，防止变压器连续遭受短路冲击。

（7）应开展变压器抗短路能力的校核工作，根据设备的实际情况有选择性地采取加装中性点小电抗、限流电抗器等措施，对不满足要求的变压器进行改造或更换。

（8）当有并联运行要求的三绕组变压器的低压侧短路电流超出断路器开断电流时，应增设限流电抗器。

2. 防止变压器绝缘事故

（1）加强变压器运行巡视，应特别注意变压器冷却器潜油泵负压区出现的渗漏油。

（2）对运行年限超过 15 年储油柜的胶囊和隔膜应更换。

（3）对运行超过 20 年的薄绝缘、铝线圈变压器，不宜对本体进行改造性大修，也不宜进行迁移安装，应加强技术监督工作并逐步安排更新改造。

（4）按照《输变电设备状态检修试验规程》（DL/T 393—2010）开展红外检测，新建、改扩建或大修后的变压器（电抗器），应在投运带负荷后不超过 1 个月内（但至少在 24h 以后）进行一次精确检测。

（5）铁芯、夹件通过小套管引出接地的变压器，应将接地引线引至适当位置，以便在运行中监测接地线中是否有环流，当运行中环流异常变化，应尽快查明原因，严重时应采取措施及时处理。

（6）220kV 及以上油浸式变压器（电抗器）和位置特别重要或存在绝缘缺陷的 110（66）kV 油浸式变压器宜配置多组分油中溶解气体在线监测装置；且每年在进入夏季和冬季用电高峰前分别进行一次与离线检测数据的比对分析，确保检测准确。

3. 防止变压器保护事故

（1）变压器本体、有载分接开关的重瓦斯保护应投跳闸。若需退出重瓦斯保护，应预先制定安全措施，并经总工程师批准，限期恢复。

（2）气体继电器应定期校验。当气体继电器发出轻瓦斯动作信号时，应立即检查气体继电器，及时取气样检验，以判明气体成分，同时取油样进行色谱分析，查明原因及时排除。

（3）压力释放阀在交接和变压器大修时应进行校验。

（4）运行中的变压器的冷却器油回路或通向储油柜各阀门由关闭位置旋转至开启位置时，以及当油位计的油面异常升高或呼吸系统有异常现象，需要打开放油或放气阀门时，均应先将变压器重瓦斯保护停用。

（5）变压器运行中，若需将气体继电器集气室的气体排出时，为防止误碰探针，造成瓦斯保护跳闸可将变压器重瓦斯保护切换为信号方式；排气结束后，应将重瓦斯保护恢复为跳闸方式。

4. 防止分接开关事故

（1）无励磁分接开关在改变分接位置后，必须测量使用分接的直流电阻和变比；有载分接开关检修后，应测量全程的直流电阻和变比，合格后方可投运。

（2）安装和检修时应检查无励磁分接开关的弹簧状况、触头表面镀层及接触情况、分接引线是否断裂及紧固件是否松动。

（3）新购有载分接开关的选择开关应有机械限位功能，束缚电阻应采用常接方式。

（4）有载分接开关在安装时应按出厂说明书进行调试检查。要特别注意分接引线距离和固定状况、动静触头间的接触情况和操作机构指示位置的正确性。新安装的有载分接开关，应对切换程序与时间进行测试。

（5）加强有载分接开关的运行维护管理。当开关动作次数或运行时间达到制造厂规定值时，应进行检修，并对开关的切换程序与时间进行测试。

5. 防止变压器套管事故

（1）新套管供应商应提供型式试验报告。

（2）检修时当套管水平存放，安装就位后，带电前必须进行静放，110～220kV套管静放时间应大于24h。

（3）如套管的伞裙间距低于规定标准，应采取加硅橡胶伞裙套等措施，防止污秽闪络。在严重污秽地区运行的变压器，可考虑在瓷套涂防污闪涂料等措施。

（4）作为备品的110（66）kV及以上套管，应竖直放置。如水平存放，其抬高角度应符合制造厂要求，以防止电容芯子露出油面受潮。对水平放置保存期超过一年的110（66）kV及以上套管，当不能确保电容芯子全部浸没在油面以下时，安装前应进行局部放电试验、额定电压下的介损试验和油色谱分析。

（5）油纸电容套管在最低环境温度下不应出现负压，应避免频繁取油样分析而造成其负压。运行人员正常巡视应检查记录套管油位情况，注意保持套管油位正常。套管渗漏油时，应及时处理，防止内部受潮损坏。

（6）加强套管末屏接地检测、检修及运行维护管理，每次拆接末屏后应检查末屏接地状况，在变压器投运时和运行中开展套管末屏接地状况带电测量。

5.4.5 防止 GIS、开关设备事故

1. 防止 GIS（包括 HGIS）、SF_6 断路器事故

（1）应加强运行中 GIS 和罐式断路器的带电局放检测工作。在 A 类或 B 类检修后应进行局放检测，在大负荷前、经受短路电流冲击后必要时应进行局放检测，对于局放量异常的设备，应同时结合 SF_6 气体分解物检测技术进行综合分析和判断。

（2）为防止运行断路器绝缘拉杆断裂造成拒动，应定期检查分合闸缓冲器，防止由于缓冲器性能不良使绝缘拉杆在传动过程中受冲击，同时应加强监视分合闸指示器与绝缘拉杆相连的运动部件相对位置有无变化，或定期进行合、分闸行程曲线测试。对于采

用"螺旋式"连接结构绝缘拉杆的断路器应进行改造。

（3）当断路器液压机构突然失压时应申请停电处理。在设备停电前，严禁人为启动油泵，防止断路器慢分。

（4）对气动机构宜加装汽水分离装置和自动排污装置，对液压机构应注意液压油油质的变化，必要时应及时滤油或换油。

（5）当断路器大修时，应检查液压（气动）机构分、合闸阀的阀针是否松动或变形，防止由于阀针松动或变形造成断路器拒动。

（6）弹簧机构断路器应定期进行机械特性试验，测试其行程曲线是否符合厂家标准曲线要求；对运行 10 年以上的弹簧机构可抽检其弹簧拉力，防止因弹簧疲劳，造成开关动作不正常。

（7）加强操动机构的维护检查，保证机构箱密封良好，防雨、防尘、通风、防潮等性能良好，并保持内部干燥清洁。

（8）加强辅助开关的检查维护，防止由于接点腐蚀、松动变位、接点转换不灵活、切换不可靠等原因造成开关设备拒动。

2. 防止敞开式隔离开关、接地开关事故

（1）对不符合国家电网公司《关于高压隔离开关订货的有关规定（试行）》完善化技术要求的 72.5kV 及以上电压等级隔离开关、接地开关应进行完善化改造或更换。

（2）加强对隔离开关导电部分、转动部分、操动机构、瓷绝缘子等的检查，防止机械卡涩、触头过热、绝缘子断裂等故障的发生。隔离开关各运动部位用润滑脂宜采用性能良好的二硫化钼锂基润滑脂。

（3）为预防 GW6 型等类似结构的隔离开关运行中"自动脱落分闸"，在检修中应检查操动机构蜗轮、蜗杆的啮合情况，确认没有倒转现象；检查并确认刀闸主拐臂调整应过死点；检查平衡弹簧的张力应合适。

（4）在运行巡视时，应注意隔离开关、母线支柱绝缘子瓷件及法兰无裂纹，夜间巡视时应注意瓷件无异常电晕现象。

（5）在隔离开关倒闸操作过程中，应严格监视隔离开关动作情况，如发现卡滞应停止操作并进行处理，严禁强行操作。

（6）定期用红外测温设备检查隔离开关设备的接头\导电部分，特别是在重负荷或高温期间，加强对运行设备温升的监视，发现问题应及时采取措施。

（7）对处于严寒地区、运行 10 年以上的罐式断路器，应结合例行试验对瓷质套管法兰浇装部位防水层完好情况进行检查，必要时应重新复涂防水胶。

3. 防止开关柜事故的措施

（1）手车开关每次推入柜内后，应保证手车到位和隔离插头接触良好。

（2）每年迎峰度夏（冬）前应开展超声波局部放电检测、暂态地电压检测，及早发现开关柜内绝缘缺陷，防止由开关柜内部局部放电演变成短路故障。

（3）加强开展开关柜温度检测，对温度异常的开关柜强化监测、分析和处理，防止导电回路过热引发的柜内短路故障。

（4）加强带电显示闭锁装置的运行维护，保证其与柜门间强制闭锁的运行可靠性。防误操作闭锁装置或带电显示装置失灵应作为严重缺陷尽快予以消除。

（5）加强高压开关柜巡视检查和状态评估，对用于投切电容器组等操作频繁的开关柜要适当缩短巡检和维护周期。当无功补偿装置容量增大时，应进行断路器容性电流开合能力校核试验。

5.4.6 防止过电压事故

1. 运行维护的有关要求

（1）对于已投运的接地装置，应每年根据变电站短路容量的变化，校核接地装置（包括设备接地引下线）的热稳定容量，并结合短路容量变化情况和接地装置的腐蚀程度有针对性地对接地装置进行改造。对于变电站中的不接地、经消弧线圈接地、经低阻或高阻接地系统，必须按异点两相接地校核接地装置的热稳定容量。

（2）应根据历次接地引下线的导通检测结果进行分析比较，以决定是否需要进行开挖检查、处理。

（3）定期（时间间隔应不大于 5 年）通过开挖抽查等手段确定接地网的腐蚀情况，铜质材料接地体地网不必定期开挖检查。若接地网接地阻抗或接触电压和跨步电压测量不符合设计要求，怀疑接地网被严重腐蚀时，应进行开挖检查。如发现接地网腐蚀较为严重，应及时进行处理。

2. 防止变压器过电压事故

（1）切合 110kV 及以上有效接地系统中性点不接地的空载变压器时，应先将该变压器中性点临时接地。

（2）为防止在有效接地系统中出现孤立不接地系统并产生较高工频过电压的异常运行工况，110～220kV 不接地变压器的中性点过电压保护应采用棒间隙保护方式。对于110kV 变压器，当中性点绝缘的冲击耐受电压 185kV 时，还应在间隙旁并联金属氧化物避雷器，间隙距离及避雷器参数配合应进行校核。间隙动作后，应检查间隙的烧损情况并校核间隙距离。

（3）对于低压侧有空载运行或者带短母线运行可能的变压器，宜在变压器低压侧装设避雷器进行保护。

3. 防止谐振过电压事故

（1）为防止 110kV 及以上电压等级断路器断口均压电容与母线电磁式电压互感器发生谐振过电压，可通过改变运行和操作方式避免形成谐振过电压条件。新建或改造敞开式变电站应选用电容式电压互感器。

（2）为防止中性点非直接接地系统发生由于电磁式电压互感器饱和产生的铁磁谐振过电压，可采取以下措施：

1）选用励磁特性饱和点较高的，在 $1.9U_m/3$ 电压下，铁芯磁通不饱和的电压互感器。

2）在电压互感器（包括系统中的用户站）一次绕组中性点对地间串接线性或非线性消谐电阻、加零序电压互感器或在开口三角绕组加阻尼或其它专门消除此类谐振的装置。

3）10kV 及以下用户电压互感器一次中性点应不接地。

4. 防止弧光接地过电压事故

（1）对于中性点不接地的 6～35kV 系统，应根据电网发展每 3～5 年进行一次电容电流测试。当单相接地故障电容电流超过《交流电气装置的过电压保护和绝缘配合》（DL/T 620—1997）规定时，应及时装设消弧线圈；单相接地电流虽未达到规定值，也可根据运行经验装设消弧线圈，消弧线圈的容量应能满足过补偿的运行要求。在消弧线圈布置上，应避免由于运行方式改变出现部分系统无消弧线圈补偿的情况。对于已经安装消弧线圈，单相接地故障电容电流依然超标的应当采取消弧线圈增容或者采取分散补偿方式，对于系统电容电流大于 150A 及以上也可以根据系统实际情况改变中性点接地方式或者在配电线路分散补偿。

（2）对于装设手动消弧线圈的 6～35kV 非有效接地系统，应根据电网发展每 3～5 年进行一次调谐试验，使手动消弧线圈运行在过补偿状态，合理整定脱谐度，保证电网不对称度不大于相电压的 1.5%，中性点位移电压不大于额定电压的 15%。

（3）对于自动调谐消弧线圈，在定购前应向制造厂索取能说明该产品可以根据系统电容电流自动进行调谐的试验报告。自动调谐消弧线圈投入运行后，应根据实际测量的系统电容电流对其自动调谐功能的准确性进行校核。

（4）不接地和谐振接地系统发生单相接地时，应采取有效措施尽快消除故障，降低发生弧光接地过电压的风险。

5. 防止无间隙金属氧化物避雷器事故

（1）对金属氧化物避雷器，必须坚持在运行中按规程要求进行带电试验。当发现异常情况时，应及时查明原因。35kV 及以上电压等级金属氧化物避雷器可用带电测试替代定期停电试验。

（2）严格遵守避雷器交流泄漏电流测试周期，雷雨季节前后各测量一次，测试数据应包括全电流及阻性电流。

（3）110kV 及以上电压等级避雷器应安装交流泄漏电流在线监测表计。对已安装在线监测表计的避雷器，有人值班的变电站每天至少巡视一次，每半月记录一次，并加强数据分析。无人值班变电站可结合设备巡视周期进行巡视并记录，强雷雨天气后应进行特巡。

5.4.7 防止火灾事故

（1）加强防火组织管理：

1）各单位应建立健全防止火灾事故组织机构，企业行政正职为消防工作第一责任人，还应配备消防专责人员并建立有效的消防组织网络。

2）健全消防工作制度，建立训练有素的群众性消防队伍，定期进行全员消防安全培训、开展消防演练和火灾疏散演习，定期开展消防安全检查。应确保各单位、各车间、各班组、各作业人员了解各自管辖范围内的重点防火要求和灭火方案。

3）建立火灾隐患排查、治理常态机制，定期开展火灾隐患排查工作，提出整改方案、落实整改措施，保障消防安全。

（2）加强消防设施管理：

1）各单位应具有完善的消防设施，并定期对火灾自动报警系统、主变自动灭火系统、消防水系统进行检测、检修，确保消防设施正常运行。

2）供电生产、施工企业在有关场所应配备必要的正压式空气呼吸器、防毒面具等抢救器材，并应进行使用培训，以防止救护人员在灭火中中毒或窒息。

3）在新、扩建工程设计中，消防水系统应同工业水系统分离，以确保消防水量、水压不受其他系统影响；消防设施的备用电源应由保安电源供给，未设置保安电源的应按Ⅱ类负荷供电。消防水系统应定期检查、维护。

（3）检修现场应有完善的防火措施，在禁火区动火应制定动火作业管理制度，严格执行动火工作票制度。变压器现场检修工作期间应有专人值班，不得出现现场无人情况。

（4）蓄电池室、油罐室、油处理室、大物流仓储等防火、防爆重点场所的照明、通风设备应采用防爆型。

（5）地下变电站、无人值守变电站应安装火灾自动报警或自动灭火设施，无人值守变电站其火灾报警信号应接入有人监视遥测系统，以及时发现火警。

（6）值班人员应经专门培训，并能熟练操作厂站内各种消防设施；应制定具有防止消防设施误动、拒动的措施。

（7）制定并严格执行高层建筑及调度楼的防火制度和措施。

（8）加强易燃、易爆物品的管理。

6

变电设备验收

6.1 变电设备验收分类及方法

6.1.1 验收分类

变电验收分为变电站基建工程验收和技改工程验收。

变电站基建工程验收包括可研初设审查、厂内验收、到货验收、隐蔽工程验收、中间验收、竣工（预）验收、启动验收等七个主要关键环节。

变电站技改工程验收包括可研初设审查、厂内验收、到货验收、隐蔽工程验收、中间验收、竣工验收等六个主要关键环节。

可研初设审查是指在可研初设阶段从设备安全运行、运检便利性方面对工程可研报告、初设文件、技术规范书等开展的审查；厂内验收是指对设备厂内制造的关键点进行见证和出厂验收；到货验收是指设备运送到现场后进行的验收；隐蔽工程验收是指对施工过程中本工序会被下一工序所覆盖，在随后的验收中不易查看其质量时开展的验收；中间验收是指在设备安装调试工程中对关键工艺、关键工序、关键部位和重点试验等开展的验收；竣工（预）验收是指施工单位完成三级自验收及监理初验后，对设备进行的全面验收；启动验收是指在完成竣工（预）验收并确认缺陷全部消除后，设备正式投入运行前的验收。

6.1.2 验收方法

验收方法包括资料检查、旁站见证、现场检查和现场抽查。

资料检查指对所有资料进行检查，设备安装、试验数据应满足相关规程规范要求，安装调试前后数值应有比对，保持一致性，无明显变化；旁站见证包括关键工艺、关键工序、关键部位和重点试验的见证；现场检查包括现场设备外观和功能的检查；现场抽查是指工程安装调试完毕后，抽取一定比例设备、试验项目进行检查，据以判断全部设备的安装调试项目是否按规范执行。现场抽检应明确抽查内容、抽检方法及抽检比例。

抽查要求如下：

（1）工程安装调试完毕后，运检单位应对交接试验项目进行抽样检查；

（2）抽样检查应按照不同电压等级、不同设备类别分别进行，抽检项目应根据设备及试验项目的重要程度有所侧重；

（3）对于抽样检查不合格的项目，应责成施工单位对该类项目全部进行重新试验；

（4）对数据存在疑问、现场需要及反复出现问题的设备应进行复试。

6.2 电力变压器的验收

油浸式变压器（包括油浸式电抗器，以下简称"变压器"）验收包括可研初设审查、厂内验收、到货验收、隐蔽工程验收、中间验收、竣工（预）验收、启动验收七个关键环节。

6.2.1 可研初设审查

变压器可研初设审查由所属管辖单位运检部选派相关专业技术人员参与，参加人员应为技术专责或在本专业工作满5年以上的人员。

主要验收要求如下：

（1）变压器可研初设审查需由变压器专业技术人员提前对可研报告、初设资料等文件审查，并提出相关意见。

（2）可研和初设审查阶段主要对变压器选型涉及的技术参数、结构形式进行审查、验收。

（3）审查时应审核变压器选型是否满足电网运行、设备运维、反措等各项规定要求。

（4）应做好评审记录，报送运检部门。

6.2.2 厂内验收

关键点见证。变压器关键点见证和出厂验收由所属管辖单位运检部选派相关专业技术人员参与。110kV及以下变压器验收人员应为技术专责，或具备班组工作负责人及以上资格，或在本专业工作满5年以上的人员。

关键点见证验收要求如下：

（1）110kV变压器应逐台进行关键点的一项或多项验收。

（2）对首次入网或者有必要的110kV及以下变压器应进行关键点的一项或多项验收。

（3）关键点见证采用查阅制造厂记录、监造记录和现场见证方式。

（4）物资部门应督促制造厂在制造变压器前20天提交制造计划和关键节点时间，有变化时，物资部门应提前5个工作日告知运检部门。

（5）关键点见证项目包括设备选材、抗短路能力、油箱及储油柜制作、器身装配、器身干燥处理过程、总装配等。

出厂验收验收要求如下：

（1）出厂验收内容包括变压器外观、出厂试验过程和结果。

（2）110kV及以下变压器出厂验收应对变压器外观、出厂试验中的外施工频耐压试验、操作冲击试验、雷电冲击试验、带局部放电测试的长时感应耐压试验、温升试验或过电流试验等关键项目进行旁站见证验收，其他项目可查阅制造厂记录或监造记录。同时，可对相关出厂试验项目进行现场抽检。

（3）物资部门应提前15天，将出厂试验方案和计划提交运检部门。

（4）运检部门审核出厂试验方案，检查试验项目及试验顺序是否符合相应的试验标准和合同要求。

（5）设备投标技术规范书保证值高于本细则验收标准要求的，按照技术规范书保证值执行。

（6）对关键点见证中发现的问题进行复验。

（7）试验应在相关的组、部件组装完毕后进行。

验收发现质量问题时，验收人员应及时告知物资部门、制造厂家，提出整改意见，填入"关键点见证记录"和"出厂验收记录"，报送运检部门。

6.2.3 到货验收

变压器到货验收由所属管辖单位运检部选派相关专业技术人员参与。变压器本体运输应安装三维冲撞记录仪，三维冲撞记录仪就位后方可拆除，卸货前、就位后两个节点应检查三维冲击记录仪的冲击值；本体或升高座等充气运输的设备，应安装显示充气压力的表计，卸货前应检查压力表指示符合厂家要求，变压器制造厂家应提供运输过程中的气体压力记录；充油运输的本体或升高座设备应检查无渗漏现象；到货验收应进行货物清点、运输情况检查、包装及外观检查；变压器附件和资料包装应有防雨措施。

验收发现质量问题时，验收人员应及时告知物资部门、制造厂家，提出整改意见，填入"到货验收记录"，报送运检部门。

6.2.4 隐蔽工程验收

变压器隐蔽工程验收由所属管辖单位运检部选派相关专业技术人员参与，负责人员应为技术专责或具备班组工作负责人及以上资格。

验收要求如下：

（1）项目管理单位应在变压器到货前一周将安装方案、工作计划提交设备运检单位，由设备运检单位审核，并安排相关专业人员进行隐蔽工程验收。

（2）110V及以下变压器隐蔽工程验收在运检部门认为有必要时参与。

（3）变压器隐蔽工程验收项目主要对器身进行检查。

异常处置：验收发现质量问题时，验收人员应及时告知项目管理单位、施工单位，提出整改意见，填入"隐蔽工程验收记录"，报送运检部门。

6.2.5 中间验收

变压器中间验收由所属管辖单位运检部选派相关专业技术人员参与，负责人员应为技术专责或具备班组工作负责人及以上资格。

验收要求如下：

（1）变压器中间验收项目包括组部件安装、抽真空注油、热油循环等。

（2）110kV 及以下变压器中间验收在运检部门认为有必要时参与。

验收发现质量问题时，验收人员应及时告知项目管理单位、施工单位，提出整改意见，填入"中间验收记录"，报送运检部门。

6.2.6 竣工（预）验收

变压器竣工（预）验收由所属管辖单位运检部选派相关专业技术人员参与，负责人员应为技术专责或具备班组工作负责人及以上资格。

验收要求如下：

（1）验收应对变压器外观、动作、信号进行检查核对。

（2）验收应核查变压器交接试验报告，对交流耐压试验、局放试验进行旁站见证，同时可对相关交接试验项目进行现场抽检。

（3）验收应检查、核对变压器相关的文件资料是否齐全。

（4）交接试验验收要保证所有试验项目齐全、合格，并与出厂试验数值无明显差异。

（5）电压等级不同的变压器，根据不同的结构、组部件选用相应的验收标准。

（6）具体竣工（预）验收工作按照表 6.1 要求执行。

表 6.1　　　　　　　　　　变压器竣工（预）验收标准

序号	验收项目	验 收 标 准
1	外观检查	表面干净无脱漆锈蚀，无变形，密封良好，无渗漏，标识正确、完整，放气塞紧固
2	铭牌	设备出厂铭牌齐全、参数正确
3	相序	相序标识清晰正确
4	外观检查	① 瓷套表面无裂纹，清洁，无损伤，注油塞和放气塞紧固，无渗漏油； ② 油位计就地指示应清晰，便于观察，油位正常，油套管垂直安装油位在 1/2 以上（非满油位），倾斜 15° 安装应高于 2/3 至满油位； ③ 相色标志正确、醒目
5	末屏检查	套管末屏密封良好，接地可靠
6	升高座	法兰连接紧固、放气塞紧固
7	二次接线盒	密封良好，二次引线连接紧固、可靠，内部清洁；电缆备用芯加装保护帽

续表

序号	验收项目	验 收 标 准
8	引出线安装	不采用铜铝对接过渡线夹，引线接触良好、连接可靠，引线无散股、扭曲、断股现象
9	无励磁分接开关	① 顶盖、操动机构挡位指示一致； ② 操作灵活，切换正确，机械操作闭锁可靠
10	有载分接开关	手动操作不小于 2 个循环、电动操作不少于 5 个循环。其中电动操作时电源电压为额定电压的 85% 及以上。 ① 本体指示、操作机构指示以及远方指示应一致； ② 操作无卡涩、联锁、限位、连接校验正确，操作可靠；机械联动、电气联动的同步性能应符合制造厂要求，远方、就地及手动、电动均进行操作检查； ③ 有载开关储油柜油位正常，并应略低于变压器本体储油柜油位； ④ 有载开关防爆膜处应有明显防踩踏的提示标识
11	外观	装置完好，部件齐全，各联管清洁、无渗漏、污垢和锈蚀；进油和出油的管接头上应安装逆止阀；连接管路长度及角度适宜，使在线净油装置不受应力
12	装置性能	检查手动、自动及定时控制装置正常，按使用说明进行功能检查
13	外观检查	外观完好，部件齐全，各联管清洁、无渗漏、污垢和锈蚀
14	胶囊气密性	无泄漏，呼吸通畅
15	旁通阀	抽真空及真空注油时阀门打开，真空注油结束立即关闭
16	断流阀	安装位置正确、密封良好，性能可靠，应加装防雨罩，投运前处于打开位置
17	油位计	① 反映真实油位，油位符合油温油位曲线要求； ② 防雨措施可靠，本体及二次电缆进线 50mm 应被遮蔽，45° 向下雨水不能直淋； ③ 油位表的信号接点位置正确、动作准确，绝缘良好
18	外观	密封良好，无裂纹，吸湿剂干燥、无变色，在顶盖下应留出 1/5～1/6 高度的空隙，在 2/3 位置处应有标示
19	油封油位	油量适中，在最低刻度与最高刻度之间，呼吸正常
20	连通管	清洁、无锈蚀
21	安全管道	将油导至离地面 500mm 高处，喷口朝向鹅卵石，并且不应靠近控制柜或其他附件
22	定位装置	定位装置应拆除
23	电触点检查	接点动作准确，绝缘良好。压力释放装置应加装防雨罩，本体及二次电缆进线 50mm 应被遮蔽，45° 向下雨水不能直淋
24	校验	校验合格
25	继电器安装	继电器上的箭头标志应指向储油柜，无渗漏，无气体，芯体绑扎线应拆除，油位观察窗挡板应打开
26	继电器防雨、防震	加装防雨罩，本体及二次电缆进线 50mm 应被遮蔽，45° 向下雨水不能直淋
27	浮球及干簧接点	① 浮球及干簧接点完好、无渗漏，接点动作可靠； ② 采用排油注氮保护装置的变压器应使用双浮球结构的气体继电器
28	集气盒	集气盒应引下便于取气，集气盒内要充满油，无渗漏，管路无变形、无死弯，处于打开状态
29	主连通管	朝储油柜方向有 1%～1.5% 升高坡度
30	温度计校验	校验合格
31	整定与调试	根据运行规程（或制造厂规定）整定，接点动作正确
32	温度指示	现场多个温度计指示的温度、控制室温度显示装置或监控系统的温度应基本保持一致，误差不超过 5K

序号	验收项目	验 收 标 准
33	密封	密封良好、无凝露，温度计与测温探针应具备良好的防雨措施，本体及二次电缆进线 50mm 应被遮蔽，45°向下雨水不能直淋
34	温度计座	① 温度计座应注入适量变压器油，密封良好，并应有防雨罩； ② 闲置的温度计座应注入适量变压器油密封，不得进水
35	金属软管	固定良好，无破损变形、死弯，弯曲半径不小于 50mm
36	外观检查	无变形、渗漏；外接管路清洁、无锈蚀，流向标志正确，安装位置偏差符合要求
37	潜油泵	运转平稳，转向正确，转速不大于 1500r/min，潜油泵的轴承应采取 E 级或 D 级，油泵转动时应无异常噪声、振动
38	油流继电器	指针指向正确，无抖动，继电器接点动作正确，无凝露
39	所有法兰连接	连接螺栓紧固，端面平整，无渗漏
40	风扇	安装牢固，运转平稳，转向正确，叶片无变形
41	阀门	操作灵活，开闭位置正确，阀门接合处无渗漏油现象
42	冷却器两路电源	两路电源任意一相缺相，断相保护均能正确动作，两路电源相互独立、互为备用
43	风冷控制系统动作校验	动作校验正确
44	外壳接地	两点以上与不同主地网格连接，牢固，导通良好，截面符合动热稳定要求
45	中性点接地	套管引线应加软连接，使用双根接地排引下，与接地网主网格的不同边连接，每根引下线截面符合动热稳定校核要求
46	平衡线圈接地	① 平衡线圈若两个端子引出，管间引线应加软连接，截面符合动热稳定要求； ② 若三个端子引出，则单个套管接地，另外两个端子应加包绝缘热缩套，防止端子间短路
47	铁芯接地	接地良好，接地引下应便于接地电流检测，引下线截面满足热稳定校核要求，铁芯接地引下线应与夹件接地分别引出，并在油箱下部分别标识
48	夹件接地	接地良好，接地引下应便于接地电流检测，引下线截面满足热稳定校核要求
49	组部件接地	储油柜、套管、升高座、有载开关、端子箱等应有短路接地
50	备用 CT 短接接地	正确、可靠
51	中性点放电间隙安装	① 根据各单位变压器中性点绝缘水平和过电压水平校核后确定的数值进行验收； ② 棒间隙可用直径 14mm 或 16mm 的圆钢，棒间隙水平布置，端部为半球形，表面加工细致无毛刺并镀锌，尾部应留有 15～20 mm 螺扣，用于调节间隙距离； ③ 在安装棒间隙时，应考虑与周围接地物体的距离大于 1m，接地棒长度应不小于 0.5m，离地面距离应不小于 2m； ④ 对于 110kV 变压器，当中性点绝缘的冲击耐受电压不大于 185kV 时，还应在间隙旁并联金属氧化物避雷器，间隙距离及避雷器参数配合应进行校核，间隙、避雷器应同时配合保证工频和操作过电压都能防护
52	35、20、10kV 铜排母线桥	① 装设绝缘热缩保护，加装绝缘护层，引出线需用软连接引出； ② 引排挂接地线处三相应错开
53	各侧引线	① 接线正确，松紧适度，排列整齐，相间、对地安全距离满足要求； ② 接线端子连接面应涂以薄层电力复合脂； ③ 户外引线 400mm² 及以上线夹上 30°～90° 安装时，应在底部设滴水孔
54	导电回路螺栓	① 主导电回路采用强度 8.8 级热镀锌螺栓； ② 采取弹簧垫圈等防松措施； ③ 连接螺栓应齐全、紧固，紧固力矩符合 GB 50149 标准
55	爬梯	梯子有一个可以锁住踏板的防护机构，距带电部件的距离应满足电气安全距离的要求；无集气盒的应便于对气体继电器带电取气

序号	验收项目	验 收 标 准
56	控制箱、端子箱、机构箱	① 安装牢固，密封、封堵、接地良好； ② 加热装置安装应远离二次电缆，温控器有整定值，动作正确，接线整齐； ③ 端子箱、风控箱内各空开、继电器标识正确、齐全； ④ 端子箱内直流＋、－极，跳闸回路应与其他回路接线之间应至少有一个空端子，二次电缆备用芯应加装保护帽； ⑤ 交直流回路应分开使用独立的电缆，二次电缆走向牌标示清楚
57	二次电缆	① 电缆走线槽应固定牢固，排列整齐，封盖良好并不易积水； ② 电缆保护管无破损锈蚀； ③ 电缆浪管不应有积水弯或高挂低用现象，若有应做好封堵并开排水孔
58	消防设施	齐全、完好，符合设计或厂家标准
59	事故排油设施	完好、通畅
60	专用工器具清单、备品备件	齐全

验收发现质量问题时，验收人员应及时告知项目管理单位、施工单位，提出整改意见，填入"竣工（预）验收及整改记录"（见通用管理规定附录 A7），报送运检部门。

6.2.7 启动验收

变压器启动验收由所属管辖单位运检部选派相关专业技术人员参与。

验收工作组在变压器启动投运前应提交竣工验收报告。变压器启动验收内容包括变压器外观检查、变压器声音、红外测温。具体启动投运应按照表 6.2 要求执行。

表 6.2　　　　　　　　　　　　变压器启动投运验收标准

序号	验收项目	验 收 标 准
1	直流电阻	投运前根据调度要求调整分接档位后，应测量对应档位绕组直流电阻与交接试验数值无明显变化
2	本体	各部分无渗漏、无放电现象
3	油位	本体、有载开关及套管油位无异常变化
4	压力释放阀	无压力释放信号，无异常
5	瓦斯继电器	无轻重瓦斯信号，瓦斯内无集气现象
6	温度计	现场温度指示和监控系统显示温度应保持一致，最大误差不超过 5K。单相变压器的不同相别变压器温度差不超过 10K
7	呼吸器	呼吸正常
8	铁芯接地电流	110kV 及以下主变应小于 100mA
9	声音	无异常
10	红外测温	红外测温无异常发热点
11	油色谱	冲击合闸及额定电压运行 24h 后油色谱无异常变化
12	励磁涌流	波形分析，励磁涌流正常
13	有载开关操作试验	变压器完成冲击合闸试验后，在空载情况下，远方控制操作一个循环，各项指示正确，极限位置电气闭锁可靠，三相电压变化符合变压器变比

验收发现质量问题时，验收人员应及时告知项目管理单位、施工单位，要求立即进行整改，未能及时整改的填入"工程遗留问题记录"，报送运检部门。

6.3 断路器、开关柜和组合电器的验收

6.3.1 断路器验收

断路器验收包括可研初设审查、厂内验收、到货验收、竣工（预）验收、启动验收五个关键环节。

6.3.1.1 可研初设审查

断路器可研初设审查由所属管辖单位运检部选派相关专业技术人员参与，参加人员应为技术专责或在本专业工作满 5 年以上的人员。由断路器专业技术人员提前对可研报告、初设资料等文件进行审查，并提出相关意见。该阶段主要对断路器选型涉及的技术参数、结构形式、安装处地理条件进行审查、验收，审查时应审核断路器选型是否满足电网运行、设备运维、反措等各项要求，并应做好评审记录，报送运检部门。

6.3.1.2 厂内验收

断路器关键点见证和出厂验收由所属管辖单位运检部选派相关专业技术人员参与。110kV 及以下断路器验收人员应为技术专责，或具备班组工作负责人及以上资格，或在本专业工作满 5 年以上的人员。

断路器关键点见证主要验收要求如下：对首次入网或者有必要的 110kV 及以下断路器应进行关键点的一项或多项验收；关键点见证采用查询制造厂家记录、监造记录和现场查看方式；物资部门应督促制造厂家在制造断路器前 20 天提交制造计划和关键节点时间，有变化时，物资部门应提前 5 个工作日告知运检部门；关键点见证包括、灭弧室装配、断路器触头磨合、总装配等。

断路器出厂验收主要要求如下：出厂验收内容包括断路器外观、断路器制造工艺、出厂试验过程和结果；必要时可对断路器出厂试验、断路器机械特性等关键项目进行旁站见证验收，其他项目可查阅制造厂记录或监造记录；物资部门应提前 15 日，将出厂试验方案和计划提交运检部门；运检部门审核出厂试验方案，检查试验项目及试验顺序是否符合相应的试验标准和合同要求；设备投标技术规范书保证值高于本细则验收标准要求的，按照技术规范书保证值执行；对关键点见证中发现的问题进行复验；试验应在相关的组、部件组装完毕后进行。

验收发现质量问题时，验收人员应及时告知物资部门、制造厂家，提出整改意见，填入"关键点见证记录"和"出厂验收记录"，报送运检部门。

6.3.1.3 到货验收

到货验收应进行货物清点、运输情况检查、包装及外观检查。验收发现质量问题时，验收人员应及时告知物资部门、制造厂家，提出整改意见，填入"到货验收记录"，报

送运检部门。

6.3.1.4 竣工（预）验收

断路器竣工（预）验收由所属管辖单位运检部选派相关专业技术人员参与。验收负责人员应为技术专责或具备班组工作负责人及以上资格。

竣工（预）验收应对断路器外观、安装工艺、机械特性、信号等项目进行检查核对；应核查断路器交接试验报告，必要时对交流耐压试验进行旁站见证，应检查、核对断路器相关的文件资料是否齐全；交接试验验收要保证所有试验项目齐全、合格，并与出厂试验数值无明显差异；不同电压等级的断路器，应按照不同的交接试验项目及标准检查安装记录、试验报告；不同电压等级的断路器，根据不同的结构、组部件执行选用相应的验收标准。具体竣工（预）验收工作按照表 6.3 要求执行。

表 6.3　　　　　　　　　　　　断路器竣工（预）验收标准

序号	验收项目	验 收 标 准
1	外观检查	① 断路器及构架、机构箱安装应牢靠，连接部位螺栓压接牢固，满足力矩要求，平垫、弹簧垫齐全、螺栓外露长度符合要求，用于法兰连接紧固的螺栓，紧固后螺纹一般应露出螺母 2~3 圈，各螺栓、螺纹连接件应要求涂胶并紧固划标志线； ② 采用垫片（厂家调节垫片除外）调节断路器水平的，支架或底架与基础的垫片不宜超过 3 片，总厚度不应大于 10mm，且各垫片间应焊接牢固； ③ 一次接线端子无松动、无开裂、无变形，表面镀层无破损； ④ 金属法兰与瓷件胶装部位粘合牢固，防水胶完好； ⑤ 均压环无变形，安装方向正确，防水孔无堵塞； ⑥ 断路器外观清洁无污损，油漆完整； ⑦ 设备基础无沉降、开裂、损坏
2	铭牌	设备出厂铭牌齐全、参数正确
3	相色	相色标识清晰正确
4	封堵	所有电缆管（洞）口应封堵良好
5	机构箱	① 机构箱开合顺畅，密封胶条安装到位，应有效防止尘、雨、雪、小虫和动物的侵入； ② 机构箱内无异物，无遗留工具和备件； ③ 机构箱内备用电缆芯应加有保护帽，二次线芯号头、电缆走向标示牌无缺失现象。 ④ 各空气开关、熔断器、接触器等元器件标示齐全正确； ⑤ 机构箱内若配有通风设备，则应功能正常，若有通气孔，应确保形成对流
6	防爆膜（如配置）	防爆膜检查应无异常，泄压通道通畅且不应朝向巡视通道
7	外观检查	① 瓷套管、复合套管表面清洁，无裂纹、无损伤； ② 增爬伞裙完好，无塌陷变形，粘接界面牢固； ③ 防污闪涂料涂层完好，不应存在剥离、破损
8	相间距	极柱相间中心距离误差不大于 5mm
9	SF_6 密度继电器	① 户外安装的密度继电器应设置防雨罩，其应能将表、控制电缆接线端子一起放入，密度继电器安装位置便于观察巡视； ② 充油型密度继电器无渗漏； ③ 具有远传功能的密度继电器，就地指示压力值应与监控后台一致； ④ 密度继电器报警、闭锁压力值应按制造厂规定整定，并能可靠上传信号及闭锁断路器操作
10	SF_6 气体压力	充入 SF_6 气体气压值满足制造厂规定

序号	验收项目	验 收 标 准
11	SF$_6$ 气体管路阀系统	截止阀、逆止阀能可靠工作，投运前均已处于正确位置，截止阀应有清晰的关闭、开启方向及位置标示
12	操动机构通用验收要求	① 操动机构固定牢靠； ② 操动机构的零部件齐全，各转动部位应涂以适合当地气候条件的润滑脂； ③ 电动机固定应牢固，转向应正确； ④ 各种接触器、继电器、微动开关、压力开关、压力表、加热驱潮装置和辅助开关的动作应准确、可靠，接点应接触良好、无烧损或锈蚀； ⑤ 分、合闸线圈的铁芯应动作灵活、无卡阻； ⑥ 压力表应经出厂检验合格，并有检验报告，压力表的电接点动作正确可靠； ⑦ 操动机构的缓冲器应经过调整；采用油缓冲器时，油位应正常，所采用的液压油应适应当地气候条件，且无渗漏
13	弹簧机构	储能机构检查： ① 弹簧储能指示正确，弹簧机构储能接点能根据储能情况及断路器动作情况，可靠接通、断开； ② 储能电机具有储能超时、过流、热电偶等保护元件，并能可靠动作，打压超时整定时间应符合产品技术要求； ③ 储能电机应运行无异常、无异声。断开储能电机电源，手动储能正常执行，手动储能与电动储能之间闭锁可靠； ④ 合闸弹簧储能时间应满足制造厂要求，合闸操作后一般应在 20s（参考值）内完成储能，在 85%～110% 的额定电压下应能正常储能 弹簧机构检查： ① 弹簧机构应能可靠防止发生空合操作； ② 合闸弹簧储能时，牵引杆的位置应符合产品技术文件； ③ 合闸弹簧储能完毕后，行程开关应能立即将电动机电源切除，合闸完毕，行程开关应将电动机电源接通，机构储能超时应上传报警信号； ④ 合闸弹簧储能后，牵引杆的下端或凸轮应与合闸锁扣可靠的联锁； ⑤ 分、合闸闭锁装置动作应灵活，复位应准确而迅速，并应开合可靠 弹簧机构其他验收项目： ① 传动链条无锈蚀、机构各转动部分应涂以适合当地气候条件的润滑脂； ② 缓冲器缓冲行程符合制造厂规定。 ③ 弹簧机构内轴销、卡簧等应齐全，螺栓应紧固，并画划线标记
14	液压机构	液压机构验收： ① 液压油标号选择正确，适合设备运行地域环境要求，油位满足设备厂家要求，并应设置明显的油位观察窗，方便在运行状态检查油位情况； ② 液压机构连接管路应清洁、无渗漏，压力表计指示正常且其安装位置应便于观察； ③ 油泵运转正常，无异常，欠压时能可靠启动，压力建立时间符合要求；若配有过流保护元件，整定值应符合产品技术要求； ④ 液压系统油压不足时，机械、电气防止慢分装置应可靠工作； ⑤ 具备慢分、慢合操作条件的机构，在进行慢分、慢合操作时，工作缸活塞杆的运动动作无卡阻现象，其行程应符合产品技术文件； ⑥ 液压机构电动机或油泵应能满足 60s 内从重合闸闭锁油压打压到额定油压和 5min 内从零压充到额定压力的要求；机构打压超时应报警，时间应符合产品技术要求； ⑦ 微动开关、接触器的动作应准确可靠、接触良好；电接点压力表、安全阀、压力释放器应经检验合格，动作可靠，关闭应严密； ⑧ 联动闭锁压力值应按产品技术文件要求予以整定，液压回路压力不足时能按设定值可靠报警或闭锁断路器操作，并上传信号； ⑨ 液压机构 24h 内保压试验无异常，24h 压力泄漏量满足产品技术文件要求，频繁打压时能可靠上传报警信号 液压机构储能装置验收： ① 采用氮气储能的机构，储压筒的预充氮气压力，应符合产品技术文件要求，测量时应记录环境温度；补充的氮气应采用微水含量小于 5μL/L 的高纯氮气作为气源； ② 储压筒应有足够的容量，在降压至闭锁压力前应能进行"分−0.3s−合分"或"合分− 3min−合分"的操作； ③ 对于设有漏氮报警装置的储压器，需检查漏氮报警装置功能可靠

续表

序号	验收项目	验 收 标 准
15	断路器操作及位置指示	断路器及其操动机构操作正常、无卡涩，分、合闸标识及动作指示正确，便于观察
16	就地/远方切换	断路器远方、就地操作功能切换正常
17	辅助开关	① 断路器辅助开关切换时间与断路器主触头动作时间配合良好，接触良好，接点无电弧烧损； ② 辅助开关应安装牢固，应能防止因多次操作松动变位； ③ 辅助开关应转换灵活、切换可靠、性能稳定； ④ 辅助开关与机构间的连接应松紧适当、转换灵活，并应能满足通电时间的要求；连接锁紧螺帽应拧紧，并应采取放松措施
18	防跳回路	就地、远方操作时，防跳回路均能可靠工作，在模拟手合于故障条件下断路器不会发生跳跃现象
19	非全相装置	三相非联动断路器缺相运行时，所配置非全相装置能可靠动作，时间继电器经校验合格且动作时间满足整定值要求；带有试验按钮的非全相保护继电器应有警示标识
20	动作计数器	断路器应装设不可复归的动作计数器，其位置应便于读数，分相操作的断路器应分相装设
21	断路器设备	断路器接地采用双引下线接地，接地铜排、镀锌扁钢截面积满足设计要求。接地引下线应有专用的色标；紧固螺钉或螺栓应使用热镀锌工艺，其直径应不小于12mm，接地引下线无锈蚀、损伤、变形。与接地网连接部位的搭接长度及焊接处理符合要求：扁钢（截面不小于 $100mm^2$）为其宽度的 2 倍且至少 3 个棱边焊接；圆钢（直径不小于 8mm）为其直径的 6 倍，详见 GB 50169；焊接处应做防腐处理
22	机构箱	机构箱接地良好，有专用的色标，螺栓压接紧固；箱门与箱体之间的接地连接铜线截面不小于 $4mm^2$
23	控制电缆	① 由断路器本体机构箱至就地端子箱之间的二次电缆的屏蔽层应在就地端子箱处可靠连接至等电位接地网的铜排上，在本体机构箱内不接地； ② 二次电缆绝缘层无变色、老化、损坏
24	加热、驱潮装置	断路器机构箱、汇控柜中应有完善的加热、驱潮装置，并根据温湿度自动控制，必要时也能进行手动投切，其设定值满足安装地点环境要求
		机构箱、汇控柜内所有的加热元件应是非暴露型的；加热驱潮装置及控制元件的绝缘应良好，加热器与各元件、电缆及电线的距离应大于 50mm；加热驱潮装置电源与电机电源应分开
		寒冷地域装设的加热带能正常工作
25	照明装置	断路器机构箱、汇控柜应装设照明装置，且工作正常
26	一次引线	① 引线无散股、扭曲、断股现象。引线对地和相间符合电气安全距离要求，引线松紧适当，无明显过松过紧现象，导线的弧垂须满足设计规范； ② $400mm^2$ 及以上的铝设备线夹，在可能出现冰冻的地区朝上 30°～90°安装时，应设置滴水孔； ③ 设备线夹压接宜采用热镀锌螺栓； ④ 设备线夹与压线板是不同材质时，应采用面间过渡安装方式而不应使用铜铝对接过渡线夹

验收发现质量问题时，验收人员应及时告知项目管理单位、施工单位，提出整改意见，填入"竣工（预）验收及整改记录"，报送运检部门。

6.3.1.5 启动验收

断路器启动验收由所属管辖单位运检部选派相关专业技术人员参与。竣工（预）验收组在断路器启动验收前应提交竣工（预）验收报告。验收内容包括断路器外观检查、设备接头红外测温等项目。具体按照表 6.4 要求执行。

表 6.4 断路器启动验收标准

序号	验收项目	验收标准
1	瓷套管、复合套管	运行正常，无电晕和放电声
2	密度继电器	密度继电器按厂家规定值，指示在正常范围
3	储能机构	液压机构、弹簧机构储能正常
4	位置指示	断路器运行位置指示正常
5	本体	各部分无放电现象
6	声音	无异常
7	设备本体及接头	设备本体及接头无过热现象

验收发现质量问题时，验收人员应及时告知项目管理单位、施工单位，要求立即进行整改，未能及时整改的填入"工程遗留问题记录"，报送运检部门。

6.3.2 隔离开关验收

隔离开关验收包括可研初设审查、厂内验收、到货验收、竣工（预）验收、启动验收五个关键环节。

竣工（预）验收按照表 6.5 要求执行。

表 6.5 隔离开关竣工（预）验收标准

序号	验收项目	验收标准
1	外观检查	① 操动机构、传动装置、辅助开关及闭锁装置应安装牢固、动作灵活可靠、位置指示正确，各元件功能标识正确，引线固定牢固，设备线夹应有排水孔； ② 三相联动的隔离开关、接地开关触头接触时，同期数值应符合产品技术文件要求，最大值不得超过 20mm； ③ 相间距离及分闸时触头打开角度和距离，应符合产品技术文件要求； ④ 触头接触应紧密良好，接触尺寸应符合产品技术文件要求。导电接触检查可用 0.05mm×10mm 的塞尺进行检查。对于线接触应塞不进去，对于面接触其塞入深度：在接触表面宽度为 50mm 及以下时不应超过 4mm，在接触表面宽度为 60mm 及以上时不应超过 6mm。 ⑤ 隔离开关分合闸限位应正确； ⑥ 垂直连杆应无扭曲变形； ⑦ 螺栓紧固力矩应达到产品技术文件和相关标准要求； ⑧ 油漆应完整、相色标识正确，设备应清洁； ⑨ 隔离开关、接地开关底座与垂直连杆、接地端子及操动机构箱应接地可靠
2	安装资料	① 订货技术协议或技术规范； ② 出厂试验报告； ③ 使用说明书； ④ 交接试验报告； ⑤ 安装报告； ⑥ 施工图纸

序号	验收项目	验 收 标 准
3	支架及接地	① 隔离开关及构架、机构箱安装应牢靠，连接部位螺栓压接牢固，满足力矩要求，平垫、弹簧垫齐全、螺栓外露长度符合要求，用于法兰连接紧固的螺栓，紧固后螺纹一般应露出螺母 2～3 圈，各螺栓、螺纹连接件应按要求涂胶并紧固划标志线； ② 采用垫片安装（厂家调节垫片除外）调节隔离开关水平的，支架或底架与基础的垫片不宜超过 3 片，总厚度不应大于 10mm，且各垫片间应焊接牢固； ③ 底座与支架、支架与主地网的连接应满足设计要求，接地应牢固可靠，紧固螺钉或螺栓的直径应不小于 12mm； ④ 接地引下线无锈蚀、损伤、变形；接地引下线应有专用的色标标志； ⑤ 一般铜质软连接的截面积不小于 50mm²； ⑥ 隔离开关构支架应有两点与主地网连接，接地引下线规格满足设计规范，连接牢固
4	绝缘子	① 清洁，无裂纹，无掉瓷，爬电比距符合污秽等级要求； ② 金属法兰、连接螺栓无锈蚀、无表层脱落现象； ③ 金属法兰与瓷件的胶装部位涂以性能良好的防水密封胶，胶装后露砂高度 10～20mm 且不得小于 10mm； ④ 逐个进行绝缘子超声波探伤，探伤结果合格； ⑤ 有特殊要求不满足防污闪要求的，瓷质绝缘子喷涂防污闪涂层，应采用差色喷涂工艺，涂层厚度不小于 2mm，无破损、起皮、开裂等情况；增爬伞裙无塌陷变形，表面牢固
5	联锁装置	① 隔离开关与其所配的接地开关间有可靠的机械闭锁和电气闭锁措施； ② 具有电动操动机构的隔离开关与其配用的接地开关之间应有可靠的电气联锁； ③ 机构把手应设置锁具五防锁孔，锁具无锈蚀、变形损坏； ④ 对于超 B 类接地开关，线路侧接地开关、接地开关辅助灭弧装置、接地侧接地开关，三者之间电气互锁正常
6	接触部位检查	① 触头表面镀银层完整，无损伤，导电回路主触头镀银层厚度应不小于 20μm，硬度不小于 120HV；固定接触面均匀涂抹电力复合脂，接触良好； ② 带有引弧装置的应动作可靠，不会影响隔离开关的正常分合
7	辅助开关	辅助开关动作灵活可靠，位置正确，信号上传正确
8	隔离开关安装要求	① 隔离开关、接地开关导电管应合理设置排水孔，确保在分、合闸位置内部均不积水。垂直传动连杆应有防止积水的措施，水平传动连杆端部应密封； ② 传动连杆应采用装配式结构，不应在施工现场进行切焊配装。连杆应选用满足强度和刚度要求的热镀锌无缝钢管，无扭曲、变形、开裂； ③ 检查传动摩擦部位磨损情况，补充适合当地条件的润滑脂； ④ 单柱垂直伸缩式在合闸位置时，驱动拐臂应过死点； ⑤ 定位螺钉应按产品的技术要求进行调整，并加以固定； ⑥ 均压环无变形，安装方向正确； ⑦ 检查破冰装置应完好
9	机构箱检查	① 机构箱密封良好，无变形、水迹、异物，密封条良好，门把手完好； ② 二次接线布置整齐，无松动、损坏，二次电缆绝缘层无损坏现象，二次接线排列整齐，接头牢固、无松动，编号清楚； ③ 箱内端子排、继电器、辅助开关等无锈蚀； ④ 由隔离开关本体机构箱至就地端子箱之间的二次电缆的屏蔽层应在就地端子箱处可靠连接至等电位接地网的铜排上； ⑤ 操作电动机"电动/手动"切换把手外观无异常，"远方/就地"、"合闸/分闸"把手外观无异常，操作功能正常，手动、电动操作正常； ⑥ 机构箱内加热驱潮装置、照明装置工作正常。加热驱潮装置能按照设定温度自动投退
10	一次引线	① 引线无散股、扭曲、断股现象。引线对地和相间符合电气安全距离要求，引线松紧适当，无明显过松过紧现象，导线的弧垂须满足设计规范； ② 压接式铝设备线夹，朝上 30°～90° 安装时，应设置滴水孔； ③ 设备线夹压接应采用热镀锌螺栓，采用双螺母或蝶形垫片等防松措施； ④ 设备线夹与压线板是不同材质时，不应使用对接式铜铝过渡线夹

序号	验收项目	验 收 标 准
11	校核动、静触头开距	在额定、最低（85%U_n）和最高（110%U_n）操作电压下进行 3 次空载合、分试验，并测量分合闸时间，检查闭锁装置的性能和分合位置指示的正确性
12	导电回路电阻值测量	① 采用电流不小于 100A 的直流压降法； ② 测试结果，不应大于出厂值的 1.2 倍； ③ 导电回路应对含接线端子的导电回路进行测量； ④ 有条件时测量触头夹紧压力
13	瓷套、复合绝缘子	使用 2500V 绝缘电阻表测量，绝缘电阻不应低于 1000MΩ
		复合绝缘子应进行憎水性测试
		交流耐压试验可随断路器设备一起进行
14	控制及辅助回路的工频耐压试验	隔离开关（接地开关）操动机构辅助和控制回路绝缘交接试验应采用 2500V 兆欧表，绝缘电阻应大于 10MΩ
15	测量绝缘电阻	整体绝缘电阻值测量，应参照制造厂规定
16	瓷柱探伤试验	① 隔离开关、接地开关绝缘子应在设备安装完好并完成所有的连接后逐支进行超声探伤检测； ② 逐个进行绝缘子超声波探伤，探伤结果合格
17	加热、驱潮装置	机构箱中应装有加热、驱潮装置，并根据温湿度自动控制，必要时也能进行手动投切，其设定值满足安装地点环境要求。加热器应接成三相平衡的负荷，且与电机电源要分开
		寒冷地域装设的加热带能正常工作
		加热器、驱潮装置及控制元件的绝缘应良好，加热器与各元件、电缆及电线的距离应大于 50mm
18	照明装置	机构箱、汇控柜应装设照明装置，且工作正常

验收发现质量问题时，验收人员应及时告知项目管理单位、施工单位，提出整改意见，填入"竣工（预）验收及整改记录"，报送运检部门。

启动验收按照表 6.6 要求执行。

表 6.6　　　　　　　　　　隔离开关启动验收标准

序号	验收项目	验 收 标 准
1	瓷件及法兰	隔离开关瓷件及法兰无裂纹，瓷件无异常电晕现象
2	传动部分	在隔离开关操作过程中各部动作无卡滞
3	接点及导电部分	隔离开关设备的接头、导电部分温升满足要求
4	本体	各部分无放电、电晕现象
5	声音	各部分无异音
6	设备本体及接头	设备本体及接头无明显过热现象

验收发现质量问题时，验收人员应及时告知项目管理单位、施工单位，要求立即进行整改，未能及时整改的填入"工程遗留问题记录"，报送运检部门。

6.3.3 开关柜验收

高压开关柜验收包括可研初设审查、厂内验收、到货验收、隐蔽工程验收、中间验收、竣工（预）验收、启动验收等七个关键环节。

启动验收按照表 6.7 要求执行。

表 6.7　　　　　　　　　　　　　　开关柜启动验收标准

序号	验收项目	验 收 标 准
1	开关分合	设备充电，分合开关，储能指示正确，检查运行时无异常声响，遥信、遥测及监控信号、电气及机械指示正确变位
2	柜体	带电后检查柜体无异常放电等声响，形变。压力合格（充气柜）
3	分合指示	检查开关分合闸机械指示，电气指示对应正确，指示灯与实际位置一致
4	强制通风装置	强制通风装置启动正常，运转无异响
5	电流	电流互感器无异常声响，电流指示正常
6	电压	电压表显示电压正常，互感器无异响
7	带电显示装置	检查设备带电后带电显示装置指示正确

验收发现质量问题时，验收人员应及时告知项目管理单位、施工单位，要求立即进行整改，未能及时整改的填入"工程遗留问题记录"，报送运检部门。

6.3.4 组合电器验收

组合电器（包括 GIS、HGIS）验收包括可研初设审查、厂内验收、到货验收、隐蔽工程验收、中间验收、竣工（预）验收、启动投运验收等七个关键环节。

启动验收按照表 6.8 要求执行。

表 6.8　　　　　　　　　　　　　　组合电器启动验收标准

序号	验收项目	验 收 标 准
1	母线电压	母线带电后电压显示正常
2	筒体外壳	无异常放电、震动，运行正常，观察孔无遮挡。筒体支架无断裂、位移
3	气室压力	各气室压力正常。密度继电器连接三通阀在开启状态
4	断路器	分合指示正确，机构储能良好，液压机构无渗漏
5	隔离开关	操作灵活、无卡涩，分合指示正确
6	汇控柜	指示正确，无异常
7	电压互感器	无放电现象，二次电压正常
8	出线	出线套管无闪络、放电现象，红外测温无异常
9	均压环	均压环滴水孔正常、无异物
10	避雷器	在线监测泄漏电流正常，三相无明显差异
11	带电显示装置	指示正确，无异常
12	带电检测	局部放电、红外测温、紫外测试、气体分解物无异常

验收发现质量问题时，验收人员应及时告知项目管理单位、施工单位，要求立即进行整改，未能及时整改的填入"工程遗留问题记录"，报送运检部门。

6.4 电容器、电抗器的验收

6.4.1 并联电容器组验收

并联电容器装置验收包括可研初设审查、厂内验收、到货验收、隐蔽工程验收、中间验收、竣工（预）验收、启动验收七个关键环节。

竣工（预）验收应对并联电容器外观、组内设备连接情况进行检查核对；应对并联电容器技术参数进行检查核对；应核查并联电容器组安装记录、交接试验报告及出厂试验报告；应检查、核对并联电容器相关的文件资料是否齐全；交接试验验收要保证所有试验项目齐全、合格，并与出厂试验数值无明显差异；电压等级不同的并联电容器组，根据不同的结构、组部件执行选用相应的验收标准。具体竣工（预）验收工作按照表 6.9 要求执行。

表 6.9　　　　　　　　　　　并联电容器组竣工（预）验收标准

序号	验收项目	验 收 标 准
1	框架式电容器组外观检查	① 组内所有设备无明显变形，外表无锈蚀、破损及渗漏； ② 外熔断器完好，无断裂；外熔断器与水平方向呈 45°～60° 角，弹簧指示牌与水平方向垂直； ③ 35kV 及以下电容器组连接母排应绝缘化处理； ④ 电容器组整体容量、接线方式等铭牌参数应与设计要求相符； ⑤ 电容器应从高压入口侧依次进行编号，电容器身上编号清晰、标示项目醒目
2	集合式电容器外观检查	① 油箱、贮油柜（或扩张器）、瓷套、出线导杆、压力释放阀、温度计等应完好无损、油箱及阀门接合处无渗漏油且油位指示正常，吸湿器硅胶无受潮变色、无碎裂、粉化现象； ② 电容器组整体容量、接线方式等铭牌参数应与设计要求相符
3	围栏	① 电容器组四周装设常设封闭式围栏并可靠闭锁，接地良好；围栏高度符合安规要求并悬挂标示牌，安全距离符合要求； ② 电容器组围栏完整，高度应在 1.7m 以上；如使用金属围栏则应留有防止产生感应电流的间隙；安全距离符合要求； ③ 电容器围栏底部应有排水孔
4	铭牌	① 铭牌材质应为防锈材料，无锈蚀；铭牌参数齐全、正确； ② 安装在便于查看的位置上，电容器单元铭牌一致向外，面向巡检通道
5	相序	相序标识清晰正确
6	构架及基础	① 对地绝缘的电容器外壳应和构架一起连接到规定电位上，接线应牢固可靠； ② 框架无变形、防腐良好，紧固件齐全，全部采用热镀锌； ③ 室外电容器地坪，应采用水泥硬化，留有排水孔
7	电容器室	安装在室内的电容器组，电容器室应装有通风装置
8	二次装置	二次装置接线外观无异常，端子排接线齐整牢固
9	外观检查	① 外壳应无膨胀变形，外表无锈蚀、无渗漏油； ② 电容器箱体与框架通过螺栓固定，连接紧固无松动； ③ 外熔断器无断裂、虚接，无明显锈蚀现象，熔断器规格应符合设备要求，安装位置及角度正确，指示装置无卡死等现象

序号	验收项目	验 收 标 准
10	套管	应为一体化压接式套管，无破损、歪斜及渗漏油
11	接头	接头采用专用线夹，紧固良好无松动
12	接线	① 套管出线端子应采用软导线连接，接线应整齐美观； ② 无散股、扭曲、断股现象； ③ 引线弧度合适，间距符合绝缘要求； ④ 引线接触面应接触紧密、并涂有导电膏； ⑤ 母线与支线连接符合规范； ⑥ 电容器组放电回路与电容器单元两端接线良好； ⑦ 电容器组 10kV 电缆宜采用冷缩终端
13	外观检查	① 包封已喷涂绝缘涂料且外表完好无破损、线圈应无变形； ② 铁芯电抗器外绝缘完好，无破损，铁芯表面涂层无掉漆现象； ③ 包封与支架间紧固带应无松动、断裂，撑条应无脱落
14	安装布置	① 干式空心串联电抗器应安装在电容器组首端； ② 电抗器对上部、下部和基础中的铁磁性构件距离，不宜小于电抗器直径的 0.5 倍； ③ 电抗器中心对侧面的铁磁性构件距离，不宜小于电抗器直径的 1.1 倍； ④ 电抗器相互之间的中心距离，不宜小于电抗器直径的 1.7 倍； ⑤ 35kV 及以上串联电抗器必须采用水平安装方式
15	支柱	支柱绝缘子应完整、无裂纹及破损
16	电抗率核对	每组电容器组串抗对应的电抗率应核实符合设计要求
17	接地	① 干式空心电抗器支架的环形水平接地线有明显断开点，不构成闭合回路； ② 铁芯电抗器铁芯应一点接地
18	接线	① 器身接线板连接紧固良好，不得采用铜铝过渡线夹连接； ② 绕组接线无放电痕迹及裂纹，无散股、扭曲、断股现象； ③ 引线弧度合适，相间及对地距离符合绝缘要求； ④ 引出线如有绝缘层，绝缘层应无损伤、裂纹； ⑤ 电抗器各搭接处均应搭接可靠，搭接处应涂抹导电膏； ⑥ 所有螺栓应使用非导磁材料，安装紧固，力矩符合要求
19	外观检查	为全密封结构，瓷件或复合绝缘外套无损伤、外壳无渗漏油；外壳接地良好
20	接线及结构	① 放电线圈首末端必须与电容器首末端相连接； ② 二次接线板与端子密封完好，无渗漏，清洁无氧化； ③ 引线连接整齐牢固，接头涂有导电膏； ④ 放电线圈固定螺栓牢固可靠，无松动； ⑤ 校核放电线圈极性和接线应正确无误
21	一般检查	应符合氧化锌避雷器设备验收通用细则中的竣工验收标准卡中的条款要求
22	针对电容器组的特殊要求	① 避雷器应安装在紧靠电容器高压侧入口处位置； ② 三相末端可连接成星型接地或三相单独直接接地，接地紧固
23	验收检查	应符合电流互感器设备验收通用细则中的竣工验收标准卡中的条款要求
24	一般检查	应符合隔离开关设备验收通用细则中的竣工验收标准卡中的条款要求
25	针对电容器组的特殊要求	35kV 及以下电容器组用隔离刀闸应该为带接地刀闸的结构，接地刀闸静触头应上置，防止出现刀闸刀片因机械限位不足自由垂落至接地刀静触头
26	接地	① 凡不与地绝缘的电容器外壳及构架均应接地，且有接地标识； ② 接地端子及构架可靠接地，无伤痕及锈蚀； ③ 接地引下线截面符合动热稳定要求； ④ 接地引下线采用黄绿相间的色漆或色带标识； ⑤ 接地引线检查平直牢固，电容器组整体应两点分别接地
27	消防措施	① 室外安装时，地面宜采用水泥沙浆抹面，也可铺碎石； ② 室内安装时，地面宜采用水泥沙浆抹面并压光，也可铺沙

验收发现质量问题时，验收人员应及时告知项目管理单位、施工单位，提出整改意见，填入"竣工（预）验收及整改记录"，报送运检部门。

并联电容器组启动验收内容包括并联电容器外观检查、红外测温、并联电容器组声音及振动检查。必要时可进行并联电容器组谐波测试、并联电容器组冲击合闸试验；具体按照表 6.10 要求执行。

表 6.10　　　　　　　　　　　　并联电容器组启动验收标准

序号	验收项目	验收标准
1	电容器	无渗漏、运行正常，接头及本体无过热
2	串联电抗器	无异常振动及过热
3	电容互感器	无渗漏油及过热
4	放电线圈	无异常
5	避雷器	无异常
6	隔离开关	无过热等异常
7	桥差电流互感器	无过热等异常
8	声音及振动	无异常
9	红外测温	组内设备本体表面、电抗器包封表面及各设备接头等处无异常发热；检查电抗器安装周围环境无异常发热
10	合闸过电压	每次合闸时间间隔必须 5min 以上，三次冲击合闸设备无异常。如测量，则涌流波形应正常，合闸过电压水平正常
11	谐波测试	波形分析，谐波分量满足设计要求
12	投切试验	每次投切时间间隔必须 5min 以上，波形分析、过电压及合闸涌流正常，分闸无重燃及重击穿

验收发现质量问题时，验收人员应及时告知项目管理单位、施工单位，要求立即进行整改，未能及时整改的填入"工程遗留问题记录"，报送运检部门。

6.4.2　干式电抗器验收

干式电抗器验收包括可研初设审查、厂内验收、到货验收、隐蔽工程验收、中间验收、竣工（预）验收、启动验收七个关键环节。

竣工（预）验收应对干式电抗器外观、技术参数进行检查核对；应核查干式电抗器安装记录、交接试验报告及出厂试验报告；应检查、核对干式电抗器相关的文件资料是否齐全；交接试验验收要保证所有试验项目齐全、合格，并与出厂试验数值无明显差异。具体按照表 6.11 要求执行。

表 6.11   干式电抗器竣工（预）验收标准

序号	验收项目	验 收 标 准
1	外观检查	① 电抗器表面应无破损、脱落或龟裂；表面干净无脱漆锈蚀，无变形，标识正确、完整； ② 瓷套表面无裂纹，清洁，无损伤； ③ 包封与支架间紧固带应无松动、断裂，撑条应无脱落，移位
2	铭牌	① 铭牌参数齐全、正确； ② 安装在便于查看的位置上； ③ 铭牌材质应为防锈材料，无锈蚀
3	相序	相序标识清晰正确
4	引出线及安装	① 设备接线端子与母线的连接，应符合现行国家标准 GB 50148 的规定；当其额定电流为 1500A 及以上时，应采用非磁性金属材料制成的螺栓； ② 不采用铜铝对接过渡线夹，引线接触良好、连接可靠； ③ 引线无散股、扭曲、断股现象； ④ 引线弧度合适、绝缘间距满足设计文件要求
5	螺栓连接	应对干式电抗器接头螺栓通过力矩扳手检查上紧情况，各处螺栓连接紧固无松动
6	异物检查	包封间及电抗器本体上无异物
7	周围磁场要求	① 在距离电抗器中心为 2 倍直径的周边及垂直位置内，无金属闭环存在； ② 电抗器中心与周围金属围栏及其他导电体的最小距离不得低于电抗器外径的 1.1 倍； ③ 三相水平安装的电抗器间最小中心距离不应低于电抗器外径的 1.7 倍
8	支座接地	① 每相单独安装时，每相支柱绝缘子均应接地； ② 支柱绝缘子的接地线不应构成闭合环路； ③ 两点与不同主地网格连接，牢固，导通良好，截面符合动热稳定要求接地端子及构架可靠接地，无伤痕及锈蚀。接地引下线采用黄绿相间的色漆或色带标示； ④ 干式铁芯电抗器的铁芯应一点接地； ⑤ 电抗器支柱内接地铜排应固定牢固，防止运行中振动产生异响； ⑥ 防震垫块、弹簧垫齐全； ⑦ 电抗器支柱无裂纹、破损

验收发现质量问题时，验收人员应及时告知项目管理单位、施工单位，提出整改意见并填入"竣工（预）验收及整改记录"，并报送运检部门。

干式电抗器启动投运验收内容包括外观检查、红外测温、必要时可进行谐波测量。具体按照表 6.12 要求执行。

表 6.12   干式电抗器启动验收标准

序号	验收项目	验 收 标 准
1	谐波测量	波形分析，谐波分量满足设计要求
2	外观	各处螺栓连接紧固，无松动现象；各部件无破损、松动、脱落，无异常现象
3	外绝缘	包封表面清洁，无放电痕迹或油漆脱落，以及流（滴）胶、裂纹现象
4	运行情况	电抗器无异常振动、异常声音及异味
5	红外测温	电抗器本体表面、包封表面及接头等处无异常发热；检查电抗器安装周围环境无异常发热

验收发现质量问题时，验收人员应及时告知项目管理单位、施工单位，要求立即进行整改，未能及时整改的填入"工程遗留问题记录"，报送运检部门。

6.5 一次保护装置的验收

6.5.1 电压互感器验收

电压互感器验收包括可研初设审查、厂内验收、到货验收、竣工（预）验收、启动验收五个关键环节。

竣工（预）验收应对电压互感器外观进行检查核对；应核查电压互感器交接试验报告；应检查、核对电压互感器相关的文件资料是否齐全，是否符合验收规范、技术合同等要求；交接试验验收要保证所有试验项目齐全、合格，并与出厂试验数值无明显差异；针对不同电压等级的电压互感器，应按照不同的交接试验项目、标准检查安装记录、试验报告；电压等级不同的电压互感器，根据不同的结构、组部件执行选用相应的验收标准。具体按照表 6.13 要求执行。

表 6.13　　　　　　　　　　电压互感器竣工（预）验收标准

序号	验收项目	验 收 标 准
1	铭牌标志	完整清晰，无锈蚀
2	渗漏油检查	瓷套、底座、阀门和法兰等部位应无渗漏油现象
3	油位指示	油位正常
4	外观油漆检查	油漆无剥落、无退色
5	外观防腐检查	无明显的锈迹、无明显污渍
6	外套检查	① 瓷套不存在缺损、脱釉、落砂，铁瓷结合部涂有合格的防水胶；瓷套达到防污等级要求； ② 复合绝缘干式电压互感器表面无损伤、无裂纹
7	相色标志检查	相色标志正确
8	中间变压器（电容式）	电容式电压互感器中间变压器高压侧不应装设氧化锌避雷器
9	均压环检查	均压环安装水平、牢固，且方向正确，安装在环境温度零度及以下地区的均压环，宜在均压环最低处打排水孔
10	SF_6密度继电器或压力表	① 压力正常、无泄漏、标识明显、清晰。 ② 校验合格，报警值（接点）正常。 ③ 应设有防雨罩
11	互感器安装	① 安装牢固，垂直度应符合要求，本体各连接部位应牢固可靠； ② 同一组互感器三相间应排列整齐，极性方向一致； ③ 铭牌应位于易于观察的同一侧
12	中间变压器接地（电容式）	电容式电压互感器中间变压器接地端应可靠接地
13	阻尼器检查（电容式）	检查阻尼器是否接入的二次剩余绕组端子
14	接地	110（66）kV 及以上电压互感器构支架应有两点与主地网不同点连接，接地引下线规格满足设计要求，导通良好
15	出线端连接	螺母应有双螺栓连接等防松措施
16	设备线夹	① 线夹不应采用铜铝对接过渡线夹； ② 在可能出现冰冻的地区，线径为 400mm² 及以上的、压接孔向上 30°～90°的压接线夹，应打排水孔； ③ 引线无散股、扭曲、断股现象。引线对地和相间符合电气安全距离要求，引线松紧适当，无明显过松过紧现象，导线的弧垂须满足设计规范

序号	验收项目	验 收 标 准
17	二次端子接线	二次端子的接线牢固、整齐并有防松功能，装蝶型垫片及防松螺母。二次端子不应短路，单点接地。控制电缆备用芯应加装保护帽
18	二次电缆穿线管端部	二次电缆穿线管端部应封堵良好，并将上端与设备的底座和金属外壳良好焊接，下端就近与主接地网良好焊接
19	二次端子标识	二次端子标识明晰
20	电缆的防水性能	电缆如未加装固定头，应由内向外电缆孔洞封堵
21	二次接线盒	① 符合防尘、防水要求、内部整洁； ② 接地、封堵良好
22	专用工器具清单、备品备件	按清单进行清点验收
23	设备名称标示牌	设备标示牌齐全，正确
24	外装式消谐装置	外观良好，安装牢固。应有检验报告

验收发现质量问题时，验收人员应及时告知项目管理单位、施工单位，提出整改意见并填入"竣工（预）验收及整改记录"，并报送运检部门。

电压互感器启动验收内容包括本体外观检查、电压互感器声音、油位、红外测温等。具体按照表 6.14 要求执行。

表 6.14 　　　　　　　　　　　　　**电压互感器启动验收标准**

序号	验收项目	验 收 标 准
1	密封性检查	整体无渗漏油
2	油位指示	油位指示符合产品技术要求；不应满油位或看不见油位
3	气体压力指示	SF_6 气体压力指示符合产品技术要求
4	本体	各部分无放电现象
5	声音	无异常
6	红外测温	无异常

验收发现质量问题时，验收人员应及时告知项目管理单位、施工单位，要求立即进行整改，未能及时整改的，填入"工程遗留问题记录"，报送运检部门。

6.5.2　电流互感器验收

电流互感器验收包括可研初设审查、厂内验收、到货验收、竣工（预）验收、启动验收五个关键环节。

竣工（预）验收应对电流互感器外观进行检查核对；应核查电流互感器交接试验报告，对交流耐压试验进行旁站见证；应检查、核对电流互感器相关的文件资料是否齐全，是否符合验收规范、技术合同等要求；交接试验验收要保证所有试验项目齐全、合格，并与出厂试验数值无明显差异；针对不同电压等级的电流互感器，应按照不同的交接试验项目、标准检查安装记录、试验报告；电压等级不同的电流互感器，根据不同的结构、组部件执行选用相应的验收标准。具体按照表 6.15 要求执行。

表 6.15 　　　　　　　　　电流互感器竣工（预）验收标准

序号	验收项目	验　收　标　准
1	渗漏油（油浸式）	瓷套、底座、阀门和法兰等部位应无渗漏油现象
2	油位（油浸式）	金属膨胀器视窗位置指示清晰，无渗漏，油位在规定的范围内；不宜过高或过低，绝缘油无变色
3	密度继电器（气体绝缘）	① 压力正常、标识明显、清晰。 ② 校验合格，报警值（接点）正常。 ③ 密度继电器应设有防雨罩。 ④ 密度继电器满足不拆卸校验要求，表计朝向巡视通道
4	外观检查	① 无明显污渍、无锈迹，油漆无剥落、无退色，并达到防污要求； ② 复合绝缘干式电流互感器表面无损伤、无裂纹，油漆应完整； ③ 电流互感器膨胀器保护罩顶部应为防积水的凸面设计，能够有效防止雨水聚集
5	瓷套或硅橡胶套管	① 瓷套不存在缺损、脱釉、落砂，法兰胶装部位涂有合格的防水胶； ② 硅橡胶套管不存在龟裂、起泡和脱落
6	相色标志	相色标志正确，零电位进行标识
7	均压环	均压环安装水平、牢固，且方向正确，安装在环境温度零度及以下地区的均压环，宜在均压环最低处打排水孔
8	金属膨胀器固定装置（油浸式）	金属膨胀器固定装置已拆除
9	SF₆逆止阀（气体绝缘）	无泄漏、本体额定气压值（20℃）指示无异常
10	防爆膜（气体绝缘）	防爆膜完好，防雨罩无破损
11	接地	① 应保证有两根与主接地网不同地点连接的接地引下线； ② 电容型绝缘的电流互感器，其一次绕组末屏的引出端子、铁芯引出接地端子应接地牢固可靠； ③ 互感器的外壳接地牢固可靠。二次线穿管端部应封堵良好，上端与设备的底座和金属外壳良好焊接，下端就近与主接地网良好焊接
12	整体安装	三相并列安装的互感器中心线应在同一直线上，同一组互感器的极性方向应与设计图纸相符；基础螺栓应紧固
13	出线端及各附件连接部位	连接牢固可靠，并有螺栓防松措施
14	设备线夹及一次引线	① 线夹不应采用铜铝对接过渡线夹； ② 在可能出现冰冻的地区，线径为 400mm² 及以上的、压接孔向上 30°～90° 的压接线夹，应打排水孔； ③ 引线无散股、扭曲、断股现象。引线对地和相间符合电气安全距离要求，引线松紧适当，无明显过松过紧现象，导线的弧垂须满足设计规范
15	螺栓、螺母检查	设备固定和导电部位使用 8.8 级及以上热镀锌螺栓
16	二次端子接线	二次端子的接线牢固，并有防松功能，装蝶型垫片及防松螺母。 二次端子不应开路，单点接地
17	二次端子标识	二次端子标识明晰
18	电缆的防水性能	电缆加装固定头，如无，应由内向外电缆孔洞封堵
19	二次接线盒	① 符合防尘、防水要求，内部整洁； ② 接地、封堵良好。 ③ 备用的二次绕组应短接并接地； ④ 二次电缆备用芯应该使用绝缘帽，并用绝缘材料进行绑扎
20	变比	一次绕组串并联端子与二次绕组抽头应符合运行要求
21	专用工器具、备品备件	按清单进行清点验收
22	设备名称标示牌	设备标示牌齐全，正确

验收发现质量问题时，验收人员应及时告知项目管理单位、施工单位，提出整改意见并填入"竣工（预）验收及整改记录"，并报送运检部门。

电流互感器启动验收内容包括本体外观检查、电流互感器声音、油位、密度指示、红外测温等。具体按照表 6.16 要求执行。

表 6.16　　　　　　　　　　　　电流互感器启动验收标准

序号	验收项目	验收标准
1	密封检查	整体无渗漏油，密封性良好
2	油位、气压、密度指示	油位、气压、密度指示符合产品技术要求
3	本体	各部分无放电现象
4	声音	无异常
5	红外测温	无异常

验收发现质量问题时，验收人员应及时告知项目管理单位、施工单位，要求立即进行整改，未能及时整改的，填入"工程遗留问题记录"，报送运检部门。

6.5.3　避雷器验收

避雷器验收包括可研初设审查、厂内验收、到货验收、竣工（预）验收、启动验收等五个关键环节。

竣工（预）验收应对避雷器外观、安装工艺进行检查核对；应核查避雷器交接试验报告，要保证所有试验项目齐全、合格，并与出厂试验数值无明显差异；应检查、核对避雷器相关的文件资料是否齐全，是否符合验收规范、技术规范等要求。具体按照表 6.17 要求执行。

表 6.17　　　　　　　　　　　　避雷器竣工（预）验收标准

序号	验收项目	验收标准
1	外观	① 瓷套无裂纹，无破损、脱釉，外观清洁，瓷铁粘合应牢固； ② 复合外套无破损、变形； ③ 注胶封口处密封应良好； ④ 底座固定牢靠、接地引下线连接良好； ⑤ 铭牌齐全，相色正确
2	本体安装	① 安装牢固，垂直度应符合产品技术文件要求； ② 同一组三相间应排列整齐，铭牌位于易于观察的同一侧； ③ 各节位置应符合产品出厂标志的编号； ④ 检查瓷外套避雷器法兰排水口是否畅通，防止积水
3	均压环	① 均压环应无划痕、毛刺及变形； ② 与本体连接良好，安装应牢固、平正，不得影响接线板的接线
4	压力释放通道	无缺失，安装方向正确，不能朝向设备、巡视通道
5	底座	应使用单个的大爬距的绝缘底座，机械强度应满足载荷要求

序号	验收项目	验 收 标 准
6	监测装置	① 密封良好、内部不进潮，110kV 及以上电压等级避雷器应安装泄漏电流监测装置，泄漏电流量程选择适当，且三相一致； ② 安装位置一致，高度适中，便于观察以及测量泄漏电流值，计数值应调至同一值； ③ 接线柱引出小套管清洁、无破损，接线紧固； ④ 监测装置应安装牢固、接地可靠，紧固件不应作为导流通道； ⑤ 监测装置应安装在可带电更换的位置
7	外部连接	① 引线不得存在断股、散股，长短合适，无过紧现象或风偏的隐患； ② 一次接线夹无开裂痕迹，不得使用铜铝式过渡线夹；在可能出现冰冻的地区，线径为 400mm² 及以上的、压接孔向上 30°～90° 的压接线夹，应打排水孔； ③ 各接触表面无锈蚀现象； ④ 连接件应采用热镀锌材料，并至少两点固定； ⑤ 所有的螺栓连接必须加垫弹簧垫圈，并目测确保其收缩到位； ⑥ 接地引下线应连接良好，截面积符合设计要求

验收发现质量问题时，验收人员应及时告知项目管理单位、施工单位，提出整改意见并填入"竣工（预）验收及整改记录"，并报送运检部门。

避雷器启动验收内容包括本体外观、监测装置检查及红外测温。具体按照表 6.18 要求执行。

表 6.18　　　　　　　　　　避雷器启动验收标准

序号	验收项目	验 收 标 准
1	本体	无放电现象
2	声音	无异常
3	压力释放装置	无动作
4	监测装置	三相泄漏电流无明显差异，且泄漏电流指示在正常范围内
5	红外测温	无异常发热

验收发现质量问题时，验收人员应及时告知项目管理单位、施工单位，要求立即进行整改，未能及时整改的，填入"工程遗留问题记录"，报送运检部门。

6.6　二次回路的验收

6.6.1　站用交流电源系统验收

站用交流电源系统验收包括可研初设审查、厂内验收、到货验收、竣工（预）验收、启动验收五个关键环节。

竣工（预）验收应对外观、内部元器件及接线、通电情况、信号等进行检查核对；应核查站用交流电源系统验收交接试验报告；应检查、核对站用交流电源系统相关的文件资料是否齐全，是否符合验收规范、技术合同等要求；交接试验验收要保证所有试验项目齐全、合格，并与出厂试验数值无明显差异。具体按照表 6.19 要求执行。

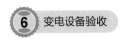

表 6.19 站用交流电源系统竣工（预）验收（站用交流电源柜）标准

序号	验收项目	验 收 标 准
1	外观检查	① 设备铭牌齐全、清晰可识别、不易脱色； ② 运行编号标识清晰可识别、不易脱色； ③ 相序标识清晰可识别、不易脱色； ④ 设备外观完好、无损伤，屏柜漆层完好、清洁整齐； ⑤ 分、合闸位置指示清晰正确，计数器（如有）清晰正常； ⑥ 各开关、熔断器等电器元件应有标示，标示清晰； ⑦ 配电柜无异常声响
2	环境检查	① 交流配电室环境温度不超过 +40℃，且在 24h 一个周期的平均温度不超过 +35℃，下限为 −5℃；最高温度为 +40℃时的相对湿度不超过 50%； ② 交流配电室应有温度控制措施，应配备通风、除湿防潮设备，防止凝露导致绝缘事故
3	屏柜安装	① 屏柜上的设备与各构件间连接应牢固，在振动场所，应按设计要求采取防振措施，且屏柜安装的偏差应在允许范围内； ② 紧固件表面应镀锌或其他防腐蚀材料处理
4	成套柜安装	① 机械闭锁、电气闭锁应动作准确、可靠； ② 动触头与静触头的中心线应一致，触头接触紧密； ③ 二次回路辅助开关的切换接点应动作准确，接触可靠
5	抽屉式配电柜安装	① 接插件应接触良好，抽屉推拉应灵活轻便，无卡阻、碰撞现象，同型号、同规格的抽屉应能互换； ② 抽屉的机械联锁或电气联锁装置应动作正确可靠； ③ 抽屉与柜体间的二次回路连接可靠
6	屏柜接地	① 屏柜的接地母线应与主接地网连接可靠； ② 屏柜基础型钢应有明显且不少于两点的可靠接地； ③ 装有电器的可开启门应采用截面不小于 4mm² 且端部压接有终端附件的多股软铜线与接地的金属构架可靠连接
7	防火封堵	① 电缆进出屏柜的底部或顶部以及电缆管口处应进行防火封堵，封堵应严密。 ② 屏柜间隔板应密封严密
8	清洁检查	装置内应无灰尘、铁屑、线头等杂物
9	屏柜电击防护	① 每套屏柜应有防止直接与危险带电部分接触的基本防护措施，如绝缘材料提供基本绝缘、挡板或外壳； ② 每套屏柜都应有保护导体，便于电源自动断开，防止屏柜设备内部故障引起的后果，防止由设备供电的外部电路故障引起的后果； ③ 是否按设计要求采用电气隔离和全绝缘防护
10	开关及元器件	① 开关及元器件质量应良好，型号、规格应符合设计要求，外观应完好，且附件齐全，排列整齐，固定牢固，密封良好； ② 各器件应能单独拆换而不应影响其他电器及导线束的固定； ③ 发热元件宜安装在散热良好的地方；两个发热元件之间的连线应采用耐热导线； ④ 熔断器的规格、断路器的参数应符合设计及极差配合要求； ⑤ 带有照明的屏柜，照明应完好
11	二次回路接线	① 应按设计图纸施工，接线应正确； ② 导线与元件间采用螺栓连接、插接、焊接或压接等，均应牢固可靠，盘、柜内的导线不应有接头，导线芯线应无损伤； ③ 电缆芯线和所配导线的端部均应标明其回路编号、起点、终点以及电缆类型，编号应正确，字迹清晰且不易脱色； ④ 配线应整齐、清晰、美观，导线绝缘层应良好，无损伤； ⑤ 每个接线端子的每侧接线宜为 1 根，不得超过 2 根。对于插接式端子，不同截面的两根导线不得接在同一端子上；对于螺栓连接端子，当接两根导线时，中间应加平垫片。导线的旋转方向应为顺时针方向； ⑥ 二次回路的线径应满足最大工作电流下的安全通流要求
12	图实相符	检查现场是否严格按照设计要求施工，确保图纸与实际相符

序号	验收项目	验 收 标 准
13	备自投功能	备自投装置闭锁功能应完善，确保不发生备用电源自投到故障元件上、造成事故扩大；备自投功能正常，实现自动切换功能
14	欠压脱扣功能	验证失电脱扣功能，欠压脱扣应设置一定延时，防止因站用电系统一次侧电压瞬时跌落（降低）造成脱扣
15	低压并列	禁止低压并列运行，具备完好的闭锁逻辑
16	通电检查	① 分合闸时对应的指示回路指示正确，储能机构运行正常，储能状态指示正常，输出端输出电压正常，合闸过程无跳跃； ② 电压表、电流表、电能表及功率表指示应正确，其中交流电源相间电压值应不超过 420V、不低于 380V，三相不平衡值应小于 10V； ③ 屏前模拟线应简单清晰，便于识别； ④ 开关、动力电缆接头处等无异常温升、温差，所有元器件工作正常； ⑤ 手动开关挡板的设计应使开合操作对操作者不产生危险； ⑥ 机械、电气联锁装置动作可靠； ⑦ 站用变低压侧开关、母线分段开关等回路的操作电器，应具备遥控功能
17	绝缘电阻试验	测量低压电器连同所连接电缆及二次回路的绝缘电阻值，不应小于 1MΩ；配电装置及馈电线路的绝缘电阻值不应小于 0.5MΩ
18	过载和接地故障保护继电器动作试验	过载和接地故障保护继电器通以规定的电流值，继电器应能可靠动作
19	试验数据的分析	试验数据应通过显著性差异分析法和横纵比分析法进行分析，并提出意见

验收发现质量问题时，验收人员应及时告知项目管理单位、施工单位，提出整改意见并填入"竣工（预）验收及整改记录"，并报送运检部门。

启动验收内容应包括站用交流电源系统核相、负荷检查。具体按照表 6.20 要求执行。

表 6.20　　　　　　　　站用交流电源系统启动验收标准

序号	验收项目	验 收 标 准
1	站用电核相	站用电系统同高压系统（不同源）相序应保持一致，且与不同站用电系统相序、相位应一致
2	红外测温	对电缆接头、开关柜进行红外精确测温，检查正常
3	负荷检查	站变进线负荷正常
		400V 母线分段负荷正常
		站用交流电源柜负荷正常

验收发现质量问题时，验收人员应及时告知项目管理单位、施工单位，要求立即进行整改，未能及时整改的，填入"工程遗留问题记录"，报送运检部门。

6.6.2　站用直流电源系统验收

站用直流电源系统验收包括可研初设审查、厂内验收、到货验收、竣工（预）验收四个关键环节。

竣工（预）验收应对外观、内部接线、动作、信号进行检查核对；应核查站用直流电源系统验收交接试验报告；应检查、核对站用直流电源系统相关的文件资料是否齐全，是否符合验收规范、技术合同等要求；交接试验验收要保证所有试验项目齐全、合格，并与出厂试验数值无明显差异；不同电压等级的站用直流电源系统，应按照不同的交接试验项目及标准检查安装记录、试验报告；不同电压等级的站用直流电源系统，根据不同的结构、组部件执行选用相应的验收标准。具体按照表 6.21 要求执行。

表 6.21　　　　　　　　　站用直流电源系统竣工（预）验收标准

序号	验收项目	验收标准
1	外观检查	① 屏上设备完好无损伤，屏柜无刮痕，屏内清洁无灰尘，设备无锈蚀。 ② 屏柜安装牢固，屏柜间无明显缝隙。 ③ 直流断路器上端头应分别从端子排引入，不能在断路器上端头并接。 ④ 保护屏内设备、断路器标示清楚正确。 ⑤ 检查屏柜电缆进口防火应封堵严密
2	运行方式检查	一组蓄电池的变电站直流母线应采用单母线分段或不分段运行的方式
		① 两组蓄电池的变电站直流母线应采用分段运行的方式，并在两段直流母线之间设置联络断路器或隔离开关，正常运行时断路器或隔离开关处于断开位置。 ② 每段母线应分别采用独立的蓄电池组供电，每组蓄电池和充电装置应分别接于一段母线上。 ③ 装有第三台充电装置时，其可在两段母线之间切换，任何一台充电装置退出运行时，投入第三台充电装置
		每台充电装置两路交流输入（分别来自不同站用电源）互为备用，当运行的交流输入失去时能自动切换到备用交流输入供电
		直流馈出网络应采用辐射状供电方式。双重化配置的保护装置直流电源应取自不同的直流母线段，并用专用的直流断路器供出
3	图纸相符检查	二次接线美观整齐，电缆牌标识正确，挂放正确齐全，核对屏柜接线与设计图纸应相符
4	二次电缆及端子排检查	一个端子上最多接入线芯截面相等的两芯线，所有二次电缆及端子排二次接线的连接应可靠，芯线标识管齐全、正确、清晰，与图纸设计一致
		直流系统电缆应采用阻燃电缆，应避免与交流电缆并排铺设
		蓄电池组正极和负极引出电缆应选用单根多股铜芯电缆，分别铺设在各自独立的通道内，在穿越电缆竖井时，两组蓄电池电缆应加穿金属套管
		蓄电池组电源引出电缆不应直接连接到极柱上，应采用过渡板连接，并且电缆接线端子处应有绝缘防护罩
5	芯线标识检查	芯线标识应用线号机打印，不能手写。芯线标识应包括回路编号、本侧端子号及电缆编号，电缆备用芯也应挂标识管并加装绝缘线帽。芯线回路号的编制应符合二次接线设计技术规程原则要求
6	控制电缆排列检查	所有控制电缆固定后应在同一水平位置剥齐，每根电缆的芯线应分别捆扎，接线按从里到外，从低到高的顺序排列。电缆芯线接线端应制作缓冲环
7	电缆标签检查	电缆标签应使用电缆专用标签机打印。电缆标签的内容应包括电缆号，电缆规格，本地位置，对侧位置。电缆标签悬挂应美观一致、以利于查线。电缆在电缆夹层应留有一定的裕度
8	屏蔽层检查	所有隔离变压器（电压、电流、直流逆变电源、导引线保护等）的一、二次线圈间必须有良好的屏蔽层，屏蔽层应在保护屏可靠接地
9	屏内接地检查	屏柜下部应有截面不小于 $100mm^2$ 的接地铜排。 屏柜上装置的接地端子应用截面不小于 $4mm^2$ 的多股铜线和接地铜排相连。接地铜排应用截面不小于 $50mm^2$ 的铜缆与保护室内的等电位接地网相连

续表

序号	验收项目	验 收 标 准
10	外观及结构检查	① 柜体外形尺寸应与设计标准符合，与现场其他屏柜保持一致。 ② 柜体内紧固连接应牢固、可靠，所有紧固件均具有防腐镀层或涂层，紧固连接应有防松措施。 ③ 装置应完好无损，设备屏、柜的固定及接地应可靠，门应开闭灵活，开启角不小于 90°，门与柜体之间经截面不小于 $6mm^2$ 的裸铜软导线可靠连接。 ④ 元件和端子应排列整齐、层次分明、不重叠，便于维护拆装。长期带电发热元件的安装位置在柜内上方。 ⑤ 二次接线应正确，连接可靠，标志齐全、清晰，绝缘符合要求。 ⑥ 设备屏、柜及电缆安装后，孔洞封堵和防止电缆穿管积水结冰措施检查。 ⑦ 监控装置本身故障，要求有故障报警，且信号传至远方。 ⑧ 两段母线的母联开关，需检验其通电良好性
11	电流电压监视	① 每个成套充电装置应有两路交流输入（分别来自不同站用电源），互为备用，当运行的交流输入失去时能自动切换到备用交流输入供电且充电装置监控应能显示两路交流输入电压。 ② 交流输入端应采取防止电网浪涌冲击电压侵入充电模块的技术措施，实现交流输入过、欠压及缺相报警检查功能。 ③ 直流电压表、电流表应采用精度不低于 1.5 级的表计，如采用数字显示表，应采用精度不低于 0.1 级的表计。 ④ 电池监测仪应实现对每个单体电池电压的监控，其测量误差应不大于 2‰。 ⑤ 直流电源系统应装设有防止过电压的保护装置
12	高频开关电源模块检查	① 高频开关电源模块应采用 N+1 配置，并联运行方式，模块总数不宜小于 3。 ② 高频开关电源模块输出电流为 50%额定值[$50\% \times I_e(n+1)$]及额定值情况下，其均流不平衡度不大于±5%。 ③ 监控单元发出指令时，按指令输出电压、电流。 ④ 高频整流模块脱离监控单元后，可输出恒定电压给电池浮充。 ⑤ 散热风扇装置启动以及退出正常，运转良好。 ⑥ 可带电拔插更换
13	噪声测试	高频开关充电装置的系统自冷式设备的噪声应不大于 50dB，风冷式设备的噪声平均值应不大于 55dB
14	充电装置元器件检查	① 柜内安装的元器件均有产品合格证或证明质量合格的文件。 ② 导线、导线颜色、指示灯、按钮、行线槽、涂漆等符合相关标准的规定。 ③ 直流电源系统设备使用的指针式测量表计，其量程满足测量要求。 ④ 直流空气断路器、熔断器上下级配合级差应满足动作选择性的要求。 ⑤ 直流电源系统中应防止同一条支路中熔断器与空气断路器混用，尤其不应在空气断路器的下级使用熔断器，防止在回路故障时失去动作选择性。 ⑥ 严禁直流回路使用交流空气断路器
15	充电装置的性能试验	① 高频开关模块型充电装置稳压精度不大于±0.5%。 ② 高频开关模块型充电装置稳流精度不大于±1%。 ③ 高频开关模块型充电装置纹波系数不大于 0.5%
16	控制程序试验	① 试验控制充电装置应能自动进行恒流限压充电→恒压充电→浮充电运行状态切换。 ② 试验充电装置应具备自动恢复功能，装置停电时间超过 10min 后，能自动实现恒流充电→恒压充电→浮充电工作方式切换。 ③ 恒流充电时，充电电流的调整范围为 20%I_n～130%I_n（I_n—额定电流）。 ④ 恒压运行时，充电电流的调整范围为 0～100%I_n
17	充电装置的工作效率试验	高频开关模块型充电装置的效率应不小于 90%
18	充电装置柜内电气间隙和爬电距离检查	柜内两带电导体之间、带电导体与裸露的不带电导体之间的最小距离，应符合相关规程要求

序号	验收项目	验 收 标 准
19	外观检查	① 蓄电池外壳无裂纹、无漏液、清洁呼吸器无堵塞、极柱无松动、腐蚀现象。 ② 蓄电池柜内应装设温控器并有报警上传功能。 ③ 蓄电池柜内的蓄电池应摆放整齐并保证足够的空间：蓄电池间不小于 15mm，蓄电池与上层隔板间不小于 150mm。 ④ 蓄电池柜体结构应有良好的通风、散热。 ⑤ 蓄电池组在同一层或同一台上的蓄电池宜采用有绝缘的或有护套的连接条连接，连接线无挤压。不同一层或不同一台上的蓄电池间采用电缆连接。 ⑥ 系统应设有专用的蓄电池放电回路，其直流空气断路器容量应满足蓄电池容量要求
20	运行环境检查	① 容量 300Ah 及以上的阀控式蓄电池应安装在专用蓄电池室内。容量 200Ah 及以下的阀控式蓄电池，可安装在电池柜内。同一蓄电池室安装多组电池时，应在各组之间装设防爆隔火墙。 ② 蓄电池柜内的蓄电池组应有抗震加固措施。 ③ 蓄电池室的门应向外开。 ④ 蓄电池室的照明应使用防爆灯，并至少有一个接在事故照明母线上，开关、插座、熔断器等电气元器件均应安装在蓄电池室外，室内照明线应采用耐酸绝缘导线。 ⑤ 蓄电池室的墙面、门窗及管道等金属构件等均应涂上防酸漆，地面应铺设耐酸砖。 ⑥ 蓄电池架应有接地，应有与接地电网相连的接地点，并有明显标识。 ⑦ 蓄电池室的窗户应有防止阳光直射的措施。 ⑧ 蓄电池室应安装防爆空调，蓄电池柜内应装设温度计。环境温度宜保持在 5～30℃ 之间，最高不得超过 35℃。 ⑨ 蓄电池室应装设防爆型通风装置（设计考虑）。 ⑩ 蓄电池室门窗严密，房屋无渗、漏水
21	布线检查	布线应排列整齐，极性标志清晰、正确
22	安装情况检查	蓄电池编号应正确，外壳清洁，液面正常
23	资料检查	查出厂调试报告，检查阀控蓄电池制造厂的充电试验记录
		查安装调试报告，蓄电池容量测试应对蓄电池进行全核对性充放电试验
24	电气绝缘性能试验	① 电压为 220V 的蓄电池绝缘电阻不小于 200kΩ。 ② 电压为 110V 的蓄电池绝缘电阻不小于 100kΩ
25	蓄电池组容量试验	蓄电池组按表中规定的放电电流和放电终止电压规定值进行容量试验，蓄电池组应进行三次充放电循环，10h 率容量在第一次循环应不低于 0.95C10，在第 3 次循环内应达到 C10
26	蓄电池组性能试验	初次充电、放电容量及倍率校验的结果应符合要求，在充放电期间按规定时间记录每个电池的电压及电流以鉴定蓄电池的性能
27	运行参数检查	① 检查蓄电池浮充电压偏差值不超过 3%。 ② 蓄电池内阻偏差不超过 10%。 ③ 连接条的压降不大于 8mV
28	装置功能检查	① 当直流母线电压低于或高于整定值时，应发出欠压或过压信号及声光报警。 ② 能够显示设备正常运行参数，实际值与设定值、测量值误差符合相关规定。 ③ 人为模拟故障，装置应发信号报警，动作值与设定值应符合产品技术条件规定
29	接地选线功能检查	母线接地功能检查：合上所有负载开关，分别模拟直流Ⅰ母正、负极接地试验，采用标准电电阻箱模拟（电压为 220V 其标准电阻是 25kΩ、电压为 110V 为 15kΩ），分别模拟 95% 和 105% 标准电阻值检查装置报警、显示，装置显示误差不应超过 5%，95% 标准电阻值接地时装置应发出声光报警。若两段直流电源配置，则还需进一步检查Ⅱ母对地电压应正常，以确定直流Ⅰ、Ⅱ间没有任何电气联系
		支路接地选线功能检查：合上所有负载开关，分别模拟各支路正、负极接地试验，采用标准电电阻箱模拟（电压为 220V 其标准电阻为 25kΩ、电压为 110V 为 15kΩ），分别模拟 90% 和 110% 标准电阻值检查装置报警、显示，装置显示误差不应超过 10%）

序号	验收项目	验 收 标 准
30	装置绝缘试验	用 1000V 绝缘电阻表测量被测部位，绝缘电阻测试结果应符合以下规定：柜内直流汇流排和电压小母线，在断开所有其他连接支路时，对地的绝缘电阻应不小于 10MΩ
31	交流测记及报警记忆功能检查	绝缘监测装置具备交流审直流测记及报警记忆功能
32	负荷能力试验	设备在正常浮充电状态下运行，投入冲击负荷，直流母线上电压不低于直流标称电压的 90%
33	连续供电试验	设备在正常运行时，切断交流电源，直流母线连续供电，直流母线电压波动，瞬间电压不得低于直流标称电压的 90%
34	通信功能试验	① 遥信：人为模拟各种故障，应能通过与监控装置通信接口连接的上位计算机收到各种报警信号及设备运行状态指示信号。 ② 遥测：改变设备运行状态，应能通过与监控装置通信接口连接的上位计算机收到装置发出当前运行状态下的数据。 ③ 遥控：应能通过与监控装置通信接口连接的上位计算机对设备进行开机、关机、充电、浮充电状态的转换
35	母线电压调整功能试验	检查设备内的调压装置手动调压功能和自动调压功能。采用无级自动调压装置的设备，应有备用调压装置。当备用调压装置投入运行时，直流（控制）母线应连续供电
36	备品备件检查	备品备件与备品备件清单核对检查

验收发现质量问题时，验收人员应及时告知项目管理单位、施工单位，提出整改意见并填入"竣工（预）验收及整改记录"，并报送运检部门。

7 变电工作票

7.1 工作票签发总则

工作票是准许在电气设备及系统软件上工作的书面命令，也是执行保证安全技术措施的书面依据，常用的工作票类型包括变电第一种工作票、变电第二种工作票、变电事故应急抢修单等。

7.1.1 工作票填写与签发的一般规定

工作票的填写与签发应参照《国家电网公司电力安全工作规程》以及相关条文等规程规定执行。

（1）正常情况下，工作票的填写与签发应通过 PMS 系统的"工作票"模块来生成（PMS 系统中暂未纳入的工作票除外）；特殊情况下，可手书等形式进行填写与签发。用计算机生成或打印的工作票应使用统一的票面格式。

（2）工作票可由工作票签发人或工作负责人填写。填写与签发时应使用蓝色或黑色字体（安全措施栏中的工作地点保留带电部分（或注意事项）应使用红色字体），手书时应使用钢（水）笔或圆珠笔，字迹应端正、清晰。复写时应使用单面复写纸。

（3）工作票的填写与签发部分不得涂改。现场执行部分若有个别（不超过三个字）错、漏字需要修改时，应对原文错误部分画一横线，在旁边写上修改内容，字迹应清楚，并盖上修改人姓名章或签字。

（4）工作票填写的内容应准确，表述应规范，不应有误解的可能。填写与签发变电类工作票时必须认真核对工作任务书（设计书）、批准的停役申请书、电系运行图、设备变动竣工报告、变电站装置图、继电保护资料等，必要时应到现场实地查勘，并作好记录；填写与签发线缆类工作票时必须认真核对工作任务书（设计书）、批准的停役申请书、电系运行图、合杆资料等，必须到现场实地查勘，并作好记录。

（5）工作票由设备运行单位签发，也可由经设备运行单位审核合格且经批准的修试及基建单位签发。修试及基建单位的工作票签发人及工作负责人名单应事先送有关设备运行单位备案。

（6）承发包工程中，工作票可实行"双签发"形式。签发工作票时，双方工作票签发人在工作票上分别签名，各自承担《国家电网公司电力安全工作规程》中工作票签发人相应的安全责任。

（7）供电单位或施工单位到用户变电站内施工时，工作票应由有权签发工作票的供电单位、施工单位或用户单位签发。

（8）事故应急抢修单中的抢修任务布置人，指具有相应资格的工作票签发人。

（9）工作票至少一式两份，或根据工作的实际需要增填相应份数。持线路或电缆工作票进入变电站或发电厂升压站进行架空线路、电缆等工作，应增填工作票份数，由变电站或发电厂工作许可人许可，并留存。上述单位的工作票签发人和工作负责人名单应事先送有关运行单位备案。

（10）一张第一种工作票中，有两个及以上不同的工作单位（班组）在一起工作时，可采用总工作票和分工作票。

（11）一张工作票若至预定时间，一部分工作尚未完成，需继续工作而不妨碍送电者，在送电前，应按照送电后现场设备带电情况，办理新的工作票，布置好安全措施后，方可继续工作。

（12）一张单一工作票或分工作票中，工作班人员总数一般不得超过 30 人；若超过 30 人的，应设专职安全员。

（13）一张变电类工作票中，工作票签发人、工作负责人和工作许可人三者不得互相兼任；一份总、分工作票中，总工作票工作负责人兼任分工作票现场工作许可人。工作票签发人、工作负责人、工作许可人应由具有 3 年及以上专业工龄，有一定实践经验，经考试合格的人员担任，名单经本单位分管生产领导批准并公布。专职监护人应由具有 2 年及以上专业工龄，有一定现场实践经验、熟悉设备情况和《国家电网公司电力安全工作规程》的人员担任。

（14）第一种工作票至少应在工作前一日送达运行人员和工作负责人，可直接送达或通过传真、局域网传送，但传真传送的工作票许可应待正式工作票到达后履行。节日修、试工作或复杂的工作至少应在工作前两日送达工作许可人和工作负责人。

工作负责人和工作许可人在接受工作票时，应对工作票所列内容了解清楚、确证无误后再签字接受。如发现疑问，应立即向工作票签发人提出，必要时要求补充或重新签发。

（15）一个工作负责人不能同时执行多张工作票。一个工作负责人在同一天内需要进行几张工作票的任务时，其余工作票应保存在工作班由工作票签发人或工作负责人指定的班员处，每处工作终结后调换一张，并共同核对无误，再办理许可手续。

（16）在高压设备上的工作，应至少由两人进行，并完成保证安全的组织措施和技术措施。

（17）集中检修、修造及委托施工的修、试单位工作负责人（监护人）应对工作班人员适当和足够、精神状态是否良好负安全责任。

（18）工作票上的所有签名，均应手书或电子签全名。

工作票在现场执行中，若因工作票签发人、当值调度员等无法当面办理而需代签名的，可由现场人员在征得相关人员同意后代为签名，该代签名旁还应填写代签人的姓名或盖章。

"交任务、交安全确认"栏应由所有工作班成员各自手书签全名，不得他人代签。

（19）工作票若有字迹模糊、票面破损等情况，不能继续使用时，应补填新的工作票，并重新履行签发和许可手续。

（20）已终结的工作票至少应保存一年。

7.1.2 工作票编号栏的填写规定

（1）本栏由工作票签发人填写。

（2）单一工作票的编号由部门简称、签发人代码、年月、工种、流水号等组成，总、分工作票的编号还有分票总份数、本分票序号等组成。

1）部门简称：填写各中心或部门的简称，简称应规范统一。

2）签发人代码：填写中、英文字母或数字等。同一单位内的签发人代码应是唯一的，不得重复。

3）年月：填写4位制年份与2位制月份的组合。

4）工种：填写变、继、运、试、工、营等工种分类。

5）流水号：按签发时的实际月份，从001开始编号。

6）分票总份数：填写本总工作票所包含的全部分工作票的总份数。

7）本分票序号：填写本分工作票在所对应的总工作票中的顺序编号。

（3）工作票编号格式：

1）单一工作票的编号格式为：〔部门简称〕〔签发人代码〕－〔年月〕－〔工种〕〔流水号〕。如运检B08－201206－检005。

2）总工作票的编号格式为：〔部门简称〕〔签发人代码〕－〔年月〕－〔工种〕〔流水号〕〔分票总份数〕。如检西A01－201206－变001（05）。

3）分工作票的编号格式为：〔部门简称〕〔签发人代码〕－〔年月〕－〔工种〕〔流水号〕〔分票总份数－本分票序号〕，如检西A01－201206－变001（05－01）。

（4）工作票签发人应建立工作票登记簿，以免工作票编号的重复签发，同时便于工作票的交回核对。

（5）工作票编号格式中的部门简称、签发人代码、工种等，由各单位自行统一并公布。

7.1.3 工作票附页的填写

工作票上"工作任务""安全措施"等栏内填写的内容较多，当一页填写不下时可增加附页。

（1）附页内容的填写与使用规定与工作票正文相同，工作票签发人、工作负责人和工作许可人应按各自的安全责任进行填写和审查。

（2）附页应用工作票的同一部位，牢固地剪贴在本工作票的相应部位上。

（3）PMS 系统"工作票"模块生成的工作票，签发部分的附页由工作票打印方剪贴，并由该方人员骑缝盖章或骑缝签名。

手书填写与签发的工作票，签发部分的附页由工作票签发人剪贴，并骑缝盖章或骑缝签名。

（4）工作许可人填写的补充、增加安全措施的附页，由工作许可人剪贴，并骑缝盖章或骑缝签名。

7.2 变电第一种工作票

7.2.1 变电第一种工作票的适用范围

（1）高压设备上工作需要全部停电或部分停电者。

（2）二次系统和照明等回路上的工作，需要将高压设备停电者或做安全措施者。

（3）高压电力电缆需停电的工作。

（4）换流变压器、直流场设备及阀厅设备需要将高压直流系统或直流滤波器停用者。

（5）直流保护装置、通道和控制系统的工作，需要将高压直流系统停用者。

（6）换流阀冷却系统、阀厅空调系统、火灾报警系统及图像监视系统等工作，需要将高压直流系统停用者。

（7）其他工作需要将高压设备停电或要做安全措施者。

7.2.2 变电第一种工作票（单一工作票）的填写

1. 工作负责人、班组栏的填写

（1）本栏由工作票签发人或工作负责人填写。

（2）填写工作负责人的姓名及其所属班组的名称。若承包商施工企业人员担任工作负责人时，应填写该工作负责人的姓名及其所属施工企业的全称或简称，简称应规范统一。

（3）工作票在签发后许可前发生工作负责人变更时，应重新填写和签发工作票，原工作票作废处理。

2. 工作任务栏的填写

（1）本栏由工作票签发人或工作负责人填写。

（2）工作任务应包括变配电站或发电厂名称、工作地点、工作设备范围和工作内容等。其中，变配电站或发电厂名称应写明全称；工作地点应写明设备的双重名称，工作设备范围应写明开关、线路闸刀、保护装置等具体设备，工作内容应写明小修、预试、清扫、保护校验、消缺等项目。填写时，应对工作设备范围和工作内容进行限定。

（3）工作票上所列的工作地点，在符合下列适用范围之一以及全部适用条件的情况下，可以使用同一张工作票：

1）工作地点在一个电气连接部分内。所谓一个电气连接部分是指：电气装置中，可以用隔离开关同其他电气装置分开的部分。

2）以下设备同时停、送电：

a. 同一电压等级、位于同一平面场所，工作中不会触及带电导体的几个电气连接部分。

b. 一台变压器停电检修，其断路器也配合检修。

c. 全站停电。

每个工作地点，应至少由两人进行工作，其中一人为工作负责人或专责监护人。所谓一个工作地点是指：在同一平面场所，工作负责人或专责监护人能有效目视到该点上工作班人员作业行为的范围。

（4）工作票许可后，在原工作票的停电及安全措施范围内增加工作任务时，应由工作负责人征得工作票签发人和工作许可人的同意，并在工作票上的本栏内增填工作项目。若需变更或增设安全措施者应填用新的工作票，并重新履行签发许可手续。

3. 计划工作时间栏的填写

（1）本栏由工作票签发人或工作负责人填写。

（2）工作票的计划工作时间，应以批准的检修期为限。工作票票面有效期（包括延期）最长不超过 2 个月。实际工作日不超过 14 天。

4. 安全措施栏的填写

（1）本栏由工作票签发人或工作负责人填写（由工作许可人填写的安全措施执行小栏除外）。

（2）应拉开关、闸刀，应断开的二次回路、熔丝、继电保护等小栏：

1）填写的设备名称，应符合《调度操作规程》中"电系设备命名标准"所规定的双重名称，并与现场设备铭牌一致。

2）对于多位置闸刀，应在本栏内填写该闸刀已处于拉开位置的相应的双重名称。

3）对于全封闭金属铠装式小车开关，在开关检修或开关线路检修时应填写该开关小车在检修（柜外）位置。例如：郊中 330 开关小车在检修位置。

4）对于接地闸刀经断路器（开关）接地的，若断路器（开关）处于合上位置时，则该断路器（开关）在本栏不需填写。

5）应拉开关、闸刀等回路数目较多时，可将所有设备的双重名称列出后，将应拉的开关、闸刀和应断开的交直流熔丝等相同的内容合并填写。例如：拉开郊中 330、郊凯 313、郊定 329 开关、正母闸刀、副母闸刀、线路闸刀、旁路闸刀，取下开关合闸、操作熔丝。

（3）应装接地线、接地小车、应合接地闸刀小栏：

1）填写的设备名称，应符合《调度操作规程》中"电系设备命名标准"所规定的双重名称，并与现场设备铭牌一致。

2）应写明应挂接地线的确切地点和位置，可预留（ ）号而不注明接地线的编号，编号由工作许可人填写。例如：在北21牛角尖开关线路侧挂接地线（ ）号。

3）应写明合上接地小车的确切地点和位置，可预留（ ）号而不注明接地小车的编号，编号由工作许可人填写。例如：在35kV一段母线压变避雷器仓内合上接地小车（ ）号。

4）应写明接地闸刀的双重名称。例如：合上郊中330线路接地闸刀。

接地闸刀经断路器（开关）接地的，除应写明该接地闸刀的双重名称外，还应注明相应的断路器（开关）在合上位置。例如：合上广福3141开关母线侧接地闸刀（广福3141开关在合上位置）。

（4）应设遮栏、应挂标示牌及防止继电保护误碰、误震等措施小栏：

1）标示牌应按《国家电网公司电力安全工作规程》中附录Ⅰ的相关规定进行悬挂。应写明被挂设备的双重名称、悬挂地点及标示牌的全称，不可笼统写成在工作仓位二侧和对面有电仓位挂"警告牌"。

2）对可能来电侧的隔离开关操作把手上加挂的保安锁亦应写入本小栏。

3）为防止误碰误震的保安措施亦应写入本小栏。例如："停用有关压板、熔丝、控制小开关""禁止使用冲击电锤、禁止敲击柜体"等。

4）为防止触电而加放的绝缘隔板亦应写入本小栏，并写明加放的确切位置。例如：在郊中330正母闸刀开口处加放绝缘隔板。

5）全封闭金属铠装式小车开关，该开关小车被拉出至检修位置后，柜内隔离带电部分的帘门封闭后应加挂保安锁锁住，并悬挂"止步、高压危险"的标示牌。对暂时无法加锁的设备，应在柜内设置隔离挡板、遮栏等可靠措施封闭帘门，并悬挂"止步、高压危险"的标示牌。

（5）工作地点保留带电部分（注意事项）小栏：

1）根据工作现场周围有电设备的实际布置、特殊结线等情况，详细说明邻近有电部位并提出工作中的安全注意事项，必要时应先到现场查勘后再填写。

2）填写时应使用红色字体。

3）在本栏的右下角标明安全措施的分类情况，例如：本次工作的安全措施属于部分停电的，应标明"部分停电"字样。

（6）绘图说明小栏：

1）全部停电工作可不绘图；部分停电工作应绘图说明。

2）绘图可用电系结线图、平面布置图或剖面示意图等，应能真实、清晰、有效的反映工作地点（仓位）内的实际结线方式、设备布置及分合状态等情况；反映工作地点相邻的有电设备。

3）绘图中的停电部分用黑色或蓝色表示，有电部分用红色表示。

4）绘图中的仓位应标明设备双重名称。

5. 工作班人员栏的填写

（1）本栏由工作票签发人或工作负责人填写。

（2）工作班人员应包括：在工作现场，从事与本工作有关的全部人员（不包括工作负责人本人）。

（3）工作票在签发后、许可前，需另外增加工作班人员时，工作负责人应在本栏内补充填写新增人员的姓名，并对原工作班人员总数划一横线，在旁边写上变更后的现工作班人员总数，再盖章或签名。工作班人员另有安排或不能上岗时，工作负责人应对原工作班人员总数划一横线，在旁边写上变更后的现工作班人员总数，再盖章或签名，并在工作票上"备注"栏中的"其他事项"小栏内进行说明和签名。

6. 工作票签发人签名栏的填写

（1）本栏由工作票签发人填写。

（2）通过 PMS 系统"工作票"模块生成的工作票，工作票签发人在转状态时由系统自动记录工作票签发人的电子签名和签发日期；手书填写的工作票，工作票签发人应签名并填写签发日期。

（3）工作票实行"双签发"形式时，设备运行单位工作票签发人、经设备运行单位审核合格且经批准的修试及基建单位工作票签发人应在工作票上分别签名，各自承担《国家电网公司电力安全工作规程》中工作票签发人相应的安全责任。

7. 收到工作票时间栏的填写

（1）本栏由工作许可人和工作负责人填写。

（2）工作许可人和工作负责人收到工作票后，应审查工作票中工作任务、计划工作时间、安全措施等内容正确完备、符合现场实际条件。通过 PMS 系统"工作票"模块生成的工作票，工作许可人和工作负责人应分别记录收到工作票时间并电子签名；手书填写的工作票，工作许可人和工作负责人应分别在收到工作票时间栏内填写收到工作票时间并签名。

（3）工作许可人或工作负责人在审票过程中若发现错误，应退回工作票，并说明退票原因。

8. 下列由工作许可人填写栏的填写

（1）本栏由工作许可人填写。

（2）工作许可人应核对工作票所列安全措施与工作现场布置的安全措施是否正确、是否完备、是否相符。已布置完成的安全措施，经核实后在"已执行"小栏内打√；补充、增加且已布置完成的安全措施，填写补充、增加的内容，经核实后在"已执行"小栏内打√。

（3）补充提示工作地点保留带电部分和补充安全措施小栏：由工作许可人根据工作

现场周围有电设备的实际布置、特殊结线等情况，对邻近有电部位及其安全注意事项、安全措施等内容提出补充说明。

9. 无人值班变电站现场许可人与当值调度（或集控站、中心站）联系栏的填写

（1）本栏由工作许可人填写。

（2）无人值班变电站现场，工作许可人在向工作负责人许可工作前，应先向检修设备所辖的调度或集控站（中心站）联系，告知检修工作即将开始，并得到当值调度员或集控站（中心站）人员对设备检修状态的确认。

（3）无人值班变电站现场，工作许可人在与工作负责人办理工作结束手续后，应再向检修设备所辖的调度或者集控站（中心站）汇报检修工作所修项目、试验结果、存在问题、临时遮栏已拆除、标示牌已取下、已恢复常设遮栏、未拆除的接地线、未拉开的接地闸刀等情况。

10. 许可开始工作时间栏的填写

（1）本栏由工作许可人和工作负责人填写。

（2）工作许可人会同工作负责人，对本工作票1至6项内容已确认无疑，到现场检查所做的安全措施已执行完毕，带电设备的位置和注意事项已交待清楚后，由工作许可人填写许可开始工作时间，并和工作负责人分别签名。

11. 工作人员变动栏的填写

（1）本栏由工作负责人填写。

（2）工作票许可后，工作班人员发生变更时，应由工作负责人将变更情况填写在本栏内，注明日期、时间并签名。

（3）当工作班人员的缺勤或变更可能影响工作安全或工作延期时，工作负责人应及时向工作票签发人汇报并得到工作票签发人的确认。

（4）新增、缺勤后首次参与工作的工作班人员在参与工作前，应由工作负责人向其进行安全交底，并在"交任务、交安全确认"栏内签名。当现场安全措施、工作内容等发生变动后，非连续参与工作的工作班人员在参与工作前，亦应由工作负责人向其进行安全交底，并在"备注"栏的"其他事项"小栏内作好记录。

12. 工作负责人变动栏的填写

（1）本栏由工作票签发人或工作许可人填写。

（2）工作票许可后，非特殊情况不得变更工作负责人。如确需变更，应由原工作负责人向工作票签发人提出，工作票签发人同意并通知工作许可人。如工作票签发人无法当面办理，可由工作许可人在征得工作票签发人同意后代为填写。

（3）工作过程中，工作负责人只允许变更一次，如需再次变更，应重新填写和签发工作票。

（4）工作负责人发生变更时，原、现工作负责人应对工作任务和安全措施等内容进行全面交接并告知全体工作班成员。

13. 工作票延期栏的填写

（1）本栏由工作许可人和工作负责人填写。

（2）办理延期手续，应在工期尚未结束以前由工作负责人向工作票签发人提出申请（属于调度管辖、许可的检修设备，还应通过值班调度员批准），并由工作票签发人通知工作许可人办理。

（3）工作许可人在工作票上填写延期时间，并和工作负责人分别签名确认。

（4）延期手续只允许办理一次，如需再次延期应重新填写和签发工作票。

14. 每日开工和收工时间栏的填写

（1）本栏由工作负责人和工作许可人填写。

（2）使用一天或连续使用的工作票不必填写。

（3）每日收工时，由工作负责人填写收工日期和时间，并与工作许可人分别签名确认，工作负责人将工作票交回工作许可人。

（4）次日复工时，应得到工作许可人的许可，由工作许可人填写开工日期和时间，并与工作负责人分别签名确认。

15. 工作总负责人对分票工作负责人许可、汇报记录栏的填写

使用单一工作票的，本栏不需填写。

16. 工作结束栏的填写

（1）本栏由工作负责人和工作许可人填写。

（2）全部工作完毕后，工作班应整理材料工具、清扫现场、设备及安全措施恢复至开工前状态。工作负责人应先周密地检查，待全体工作人员撤离工作地点后，再向工作许可人交待所修项目、发现的问题、试验结果和存在问题等，并与工作许可人共同检查设备状况、状态，有无遗留物件、是否清洁等，然后在工作票上填明工作结束的日期和时间，并和工作许可人分别签名确认。

17. 工作票终结栏的填写

（1）本栏由工作许可人填写。

（2）工作许可人根据工作票上所列的工作任务以及全部安全措施，核对现场临时遮栏已拆除，标示牌已取下，已恢复常设遮栏、标示牌和其他安全措施；核对现场接地线、接地闸刀、接地小车的使用情况。如装设接地线或合上接地闸刀（接地小车）的，应填写相关接地线编号和总组数、接地闸刀双重名称、接地小车编号、接地闸刀和接地小车总副（台）数；如未装设接地线或合上接地闸刀（接地小车）的，应在相关下划线上用斜线"/"表示，不得空缺。

（3）工作许可人将现场安全措施的恢复情况向当值调度员汇报。若接地线、接地刀闸（接地小车）将在恢复时由操作员拆除或拉开的，应将"已全部拆除或拉开"字样用横线划去；若接地线、接地闸刀（接地小车）已全部拆除或拉开的，应将"未拆除已汇报调度由操作员拆除"字样用横线划去；若未曾装设接地线或合上接地闸刀（接地小车）的，应将"未拆除已汇报调度由操作员拆除"字样和"已全部拆除或拉开"字样全部用

横线划去。

（4）向当值调度员汇报完毕后，工作许可人应签名并填写汇报的日期和时间。

18. 备注栏的填写

（1）在工作过程中需操作设备小栏：

1）本小栏由工作负责人填写。

2）在工作过程中需操作设备时，工作负责人应在现场站班会上指定操作人和监护人，并告知操作项目、安全措施、注意事项等内容。

（2）由工作负责人指定专责监护人小栏：

1）本小栏由工作负责人填写。

2）工作负责人应根据作业现场的安全条件、施工范围、工作需要等具体情况，增设专责监护人，并明确被监护人员、监护地点或范围以及监护的具体工作，同时还应告知安全措施、危险点和安全注意事项等。工作负责人应在工作票上填写专责监护人姓名、被监护人姓名以及负责监护的地点、具体工作等内容。

（3）其他补充安全措施小栏：

1）本小栏由工作负责人或工作许可人填写。

2）主要填写工作过程中需临时性补充的安全措施。如装、拆工作接地线时，应填写所加装的工作接地线的编号、地点、日期、时间以及装、拆人员以及工作许可人的姓名等。

（4）其他事项小栏：

1）本小栏由工作许可人或工作负责人填写。

2）主要填写与工作有关的说明、联系、记录等事项。如：工作票在签发后许可前，工作班人员另有安排或不能上岗时，工作负责人应进行说明和签名；当现场安全措施、工作内容等发生变动后，非连续参与工作的工作班人员在参与工作前，工作负责人向其进行安全交底的确认记录等。

（5）交任务、交安全确认小栏：

1）本小栏由工作班人员填写。

2）开始工作前，工作负责人应向工作班成员（包括新增、缺勤后首次参与工作的工作班成员）交待工作内容、人员分工、带电部位和现场安全措施等，进行危险点告知。工作班成员对工作负责人布置的本施工项目安全措施已明白无误，所有安全措施已能确保工作班成员的工作安全后，履行签名确认手续。

19. 工作票执行完毕印鉴栏的填写

工作许可人在工作票执行完毕后，在左侧大框内盖"已终结"章。

20. 工作票检查栏的填写

（1）本栏由工作票签发人和其他检查人员填写。

（2）工作票签发人和其他检查人员应定期对每张已执行完毕的工作票的票面、执行等情况进行检查。如发现问题的，应及时向有关人员指出，用横线划去"执行符合要求"

字样，填写检查日期、有关人员姓名和检查人员姓名，并在工作票执行完毕印鉴栏的右侧小框内盖"不合格"章；如符合要求的，应用横线划去"存在问题"字样，用斜线"/"在有关人员姓名处表示，填写检查日期和检查人员姓名，并在工作票执行完毕印鉴栏的右侧小框内盖"合格"章。

7.3　变电第二种工作票

7.3.1　变电第二种工作票的适用范围

（1）控制盘和低压配电盘、配电箱、电源干线上的工作。

（2）二次系统和照明等回路上的工作，无需将高压设备停电者或做安全措施者。

（3）转动中的发电机、同期调相机的励磁回路或高压电动机转子电阻回路上的工作。

（4）非运行人员用绝缘棒、核相器和电压互感器定相或用钳型电流表测量高压回路的电流。

（5）大于《国家电网公司电力安全工作规程　变电部分》中"表2-1"（设备不停电时的安全距离）距离的相关场所和带电设备外壳上的工作以及无可能触及带电设备导电部分的工作。

（6）高压电力电缆不需停电的工作。

（7）换流变压器、直流场设备及阀厅设备上工作，无需将直流单、双极或直流滤波器停用者。

（8）直流保护控制系统的工作，无需将高压直流系统停用者。

（9）换流阀水冷系统、阀厅空调系统、火灾报警系统及图像监视系统等工作，无需将高压直流系统停用者。

7.3.2　变电第二种工作票的填写

1. 工作负责人、班组栏的填写

（1）本栏由工作票签发人或工作负责人填写。

（2）填写工作负责人的姓名及其所属班组的名称。若承包商施工企业人员担任工作负责人时，应填写该工作负责人的姓名及其所属施工企业的全称或简称，简称应规范统一。

（3）工作票在签发后许可前发生工作负责人变更时，应重新填写和签发工作票，原工作票作废处理。

2. 工作任务栏的填写

（1）本栏由工作票签发人或工作负责人填写。

（2）工作任务应包括变配电站或发电厂名称、工作地点、工作范围和工作内容等。

填写时，应对工作地点和工作内容进行限定。

（3）同一变配电站或发电厂内在几个电气连接部分上依次进行不停电的同一类型的工作，可以使用同一张第二种工作票。

（4）工作票许可后，在原工作票的安全措施范围内增加工作任务时，应由工作负责人征得工作票签发人和工作许可人的同意，并在工作票上的本栏内增填工作项目。若需变更或增设安全措施者应填用新的工作票，并重新履行签发许可手续。

3. 计划工作时间栏的填写

（1）本栏由工作票签发人或工作负责人填写。

（2）工作票的计划工作日期，以批准的检修期为限。工作票票面有效期（包括延期）最长不超过 2 个月。实际工作日不超过 14 天。

4. 工作条件栏的填写

（1）本栏由工作票签发人或工作负责人填写。

（2）停电系指停用低压一次或二次电源，应写明低压开关、熔丝或小闸刀等设备的双重名称。

（3）停用继电保护或自动化系统等设备的，还应经当值调度同意。

（4）根据工作现场周围有电设备的实际布置、特殊结线等情况，应注明邻近带电及保留带电设备的具体名称和部位，必要时应先到现场查勘后再填写。

5. 工作中应注意事项（安全措施）栏的填写

（1）本栏由工作票签发人或工作负责人填写。

（2）工作中的注意事项（安全措施），主要包括：

1）防止触电的注意事项（安全措施），根据工作现场周围有电设备的实际布置、特殊结线等情况，详细说明邻近有电部位并提出工作中的注意事项，注明与带电设备应保持的安全距离。

2）防止误碰、误动的注意事项（安全措施），应停用或断开的有关压板、熔丝、控制小开关等设备的双重名称和编号，采取的二次隔离措施等。

3）防止误震的注意事项（安全措施），如"禁止使用冲击电锤""禁止敲击柜体"等。

4）防止高处坠落、物体打击、机械伤害、起重伤害、火灾等注意事项（安全措施）。

5）已悬挂的标示牌、装设的遮栏等。

6）其他需要说明的注意事项（安全措施）。

6. 工作票签发人签名栏的填写

（1）本栏由工作票签发人填写。

（2）通过 PMS 系统"工作票"模块生成的工作票，工作票签发人在转状态时由系统自动记录工作票签发人的电子签名和签发日期；手书填写的工作票，工作票签发人应签名并填写签发日期。

7. 工作票 1 至 5 项内容确认栏的填写

（1）本栏由工作许可人和工作负责人填写。

（2）工作许可人和工作负责人应审查工作票中工作任务、计划工作时间、工作条件、工作中应注意事项等 1～5 项内容正确完备，符合现场实际条件。通过 PMS 系统"工作票"模块生成的工作票，工作许可人和工作负责人应分别电子签名；手书填写的工作票，工作许可人和工作负责人应分别签名。

（3）若无现场工作许可人的，应由工作负责人审查工作票中工作任务、计划工作时间、工作条件、工作中应注意事项等 1～5 项内容正确完备，符合现场实际条件。工作负责人在本栏内电子签名或手书签名，并在工作许可人签名处注明"无"。

（4）工作许可人或工作负责人在审票过程中若发现错误，应退回工作票，并说明退票原因。

8. 工作班人员栏的填写

（1）本栏由工作票签发人或工作负责人填写。

（2）工作班人员应包括：在工作现场，从事与本工作有关的全部人员（不包括工作负责人本人）。

（3）工作票在签发后、许可前，需另外增加工作班人员时，工作负责人应在本栏内补充填写新增人员的姓名，并对原工作班人员总数划一横线，在旁边写上变更后的现工作班人员总数，再盖章或签名。工作班人员另有安排或不能上岗时，工作负责人应对原工作班人员总数划一横线，在旁边写上变更后的现工作班人员总数，再盖章或签名，并在工作票上"备注"栏中的"其他事项"小栏内进行说明和签名。

9. 补充安全措施栏的填写

（1）本栏由工作负责人和工作许可人填写。

（2）工作负责人和工作许可人查看现场作业条件和作业环境后认为需要补充安全措施的，应提出补充说明，并由工作许可人在许可前完成。经双方确认布置完成后，分别签名。

（3）若现场无需再补充安全措施的，应在本栏内注明"无"，并经双方确认后分别签名。

（4）由工作班负责布置的补充安全措施，工作负责人应在现场站班会上指定专人，并在开工前布置完成。

（5）若无现场工作许可人的，应由工作负责人负责补充安全措施，并在工作许可人签名处注明"无"。

10. 许可开始工作时间栏的填写

（1）本栏由工作许可人和工作负责人填写。

（2）工作许可人会同工作负责人，对本工作票上所列内容已确认无疑，到现场检查所做的安全措施已执行完毕，带电设备的位置和注意事项已交待清楚后，由工作许可人填写许可开始工作时间，并由工作许可人和工作负责人分别签名。

（3）若无现场工作许可人的，应由工作负责人在征得当值调度员许可后，填写许可开始工作时间并签名，并在工作许可人签名处代签当值调度员姓名。

11. 工作负责人变动栏的填写

（1）本栏由工作票签发人或工作许可人填写。

（2）工作票许可后，非特殊情况不得变更工作负责人。如确需变更，应由原工作负责人向工作票签发人提出，工作票签发人同意并通知工作许可人。如工作票签发人无法当面办理，可由工作许可人在征得工作票签发人同意后代为填写。

（3）若无现场工作许可人的，应由原工作负责人征得工作票签发人同意，并由工作票签发人通知当值调度变更现场工作负责人。如工作票签发人无法当面办理，可由工作负责人在征得工作票签发人同意后代为填写。

（4）工作过程中，工作负责人只允许变更一次，如需再次变更，应重新填写和签发工作票。

（5）工作负责人发生变更时，原、现工作负责人应对工作任务和安全措施等内容进行全面交接并告知全体工作班成员。

12. 工作人员变动栏的填写

（1）本栏由工作负责人填写。

（2）工作票许可后，工作班人员发生变更时，应由工作负责人将变更情况填写在本栏内，注明日期、时间并签名。

（3）当工作班人员的缺勤或变更可能影响工作安全或工作延期时，工作负责人应及时向工作票签发人汇报并得到工作票签发人的确认。

（4）新增、缺勤后首次参与工作的工作班人员在参与工作前，应由工作负责人向其进行安全交底，并在"交任务、交安全确认"栏内签名。当现场安全措施、工作内容等发生变动后，非连续参与工作的工作班人员在参与工作前，亦应由工作负责人向其进行安全交底，并在"备注"栏的"其他事项"小栏内作好记录。

13. 每日开工和收工时间栏的填写

（1）本栏由工作负责人和工作许可人填写。

（2）使用一天或连续使用的工作票不必填写。

（3）每日收工时人，由工作负责人填写收工日期和时间，并与工作许可人分别签名确认，工作负责人将工作票交回工作许可。

（4）次日复工时，应得到工作许可人的许可，由工作许可人填写开工日期和时间，并与工作负责人分别签名确认。

（5）若无现场工作许可人的，本栏由工作负责人填写。工作许可人签名处由工作负责人向值班调度员联系后，代签该值班调度员姓名。每日收工时，由工作负责人指定专人收执工作票。

14. 工作票延期栏的填写

（1）本栏由工作许可人和工作负责人填写。

（2）办理延期手续，应在工期尚未结束以前由工作负责人向工作票签发人提出申请（属于调度管辖、许可的检修设备，还应通过值班调度员批准），并由工作票签发人通知工作许可人办理。

（3）工作许可人在工作票上填写延期时间，并和工作负责人分别签名确认。

（4）若无现场工作许可人的，工作负责人向工作票签发人提出申请后，由工作票签发人通知当值调度员。本栏由工作负责人填写和签名，并在工作许可人签名处代签当值调度员姓名。

（5）延期手续只允许办理一次，如需再次延期应重新填写和签发工作票。

15. 工作转移栏的填写

（1）本栏由工作负责人填写。

（2）工作转移仅限于同一变配电站或发电厂内的几个电气连接部分上依次进行的不停电的同一类型的工作。每次转移工作时，都应在工作票上填写开始工作和结束工作时间，并签名。

16. 备注栏的填写

（1）其他事项小栏：

1）本小栏由工作许可人或工作负责人填写。

2）主要填写与工作有关的说明、联系、记录等事项。如：工作票在签发后许可前，工作班人员另有安排或不能上岗时，工作负责人应进行说明和签名；当现场安全措施、工作内容等发生变动后，非连续参与工作的工作班人员在参与工作前，工作负责人向其进行安全交底的确认记录；工作过程中需临时性补充的安全措施等。

（2）交任务、交安全确认小栏：

1）本小栏由工作班人员填写。

2）开始工作前，工作负责人应向工作班成员（包括新增、缺勤后首次参与工作的工作班成员）交待工作内容、人员分工、带电部位和现场安全措施等，进行危险点告知。工作班成员对工作负责人布置的本施工项目安全措施已明白无误，所有安全措施已能确保工作班成员的工作安全后，履行签名确认手续。

17. 工作终结栏的填写

（1）本栏由工作负责人和工作许可人填写。

（2）全部工作完毕后，工作班应整理材料工具、清扫现场、设备及安全措施恢复至开工前状态。工作负责人应先周密地检查，待全体工作人员撤离工作地点后，再向工作许可人交待所工作的项目、发现的问题、试验结果和存在问题等，并与工作许可人共同检查设备状况、状态，有无遗留物件，是否清洁等，然后在工作票上填明工作结束的日期和时间，并和工作许可人分别签名确认。

（3）工作许可人在工作终结后，应拆除现场临时遮栏，取下标示牌，恢复常设遮栏、标示牌和其他安全措施。

（4）若无现场工作许可人的，工作负责人在工作终结后应向当值调度汇报，本栏由工作负责人填写和签名，并在工作许可人签名处代签当值调度员姓名。

18. 工作票执行完毕印鉴栏的填写

（1）工作许可人在工作票执行完毕后，在左侧大框内盖"已终结"章。

（2）若无现场工作许可人的，工作负责人在工作票执行完毕后，在左侧大框内盖"已终结"章。

19. 工作票检查栏的填写

（1）本栏由工作票签发人和其他检查人员填写。

（2）工作票签发人和其他检查人员应定期对每张已执行完毕的工作票的票面、执行等情况进行检查。如发现问题的，应及时向有关人员指出，用横线划去"执行符合要求"字样，填写检查日期、有关人员姓名和检查人员姓名，并在工作票执行完毕印鉴栏的右侧小框内盖"不合格"章；如符合要求的，应用横线划去"存在问题"字样，用斜线"/"在有关人员姓名处表示，填写检查日期和检查人员姓名，并在工作票执行完毕印鉴栏的右侧小框内盖"合格"章。

7.4 变电事故应急抢修单

7.4.1 变电事故应急抢修单的适用范围

电气设备发生故障被迫紧急停止运行，需短时间内恢复的抢修和排除故障的工作，可使用事故应急抢修单。

事故后非连续进行的事故修复工作，应使用工作票并履行工作许可手续。

7.4.2 变电事故应急抢修单的填写

1. 抢修工作负责人、班组栏的填写

（1）本栏由抢修任务布置人或抢修工作负责人填写。

（2）填写抢修工作负责人姓名及其所属班组名称。若承包商施工企业人员担任工作负责人时，应填写该工作负责人的姓名及其所属施工企业的全称或简称，简称应规范统一。

（3）事故应急抢修单在签发后许可前发生抢修工作负责人变更时，应重新填写与签发事故应急抢修单，原事故应急抢修单作废处理。事故应急抢修单许可后，不得变更抢修工作负责人。

2. 抢修班人员栏的填写

（1）本栏由抢修任务布置人或抢修工作负责人填写。

（2）工作班人员应包括：在工作现场，从事与本工作有关的全部人员（不包括工作负责人本人）。

（3）事故应急抢修单在签发后许可前，需另外增加工作班人员时，工作负责人应在本栏内补充填写新增人员的姓名，并对原工作班人员总数划一横线，在旁边写上变更后

的现工作班人员总数，再盖章或签名。工作班人员另有安排或不能上岗时，工作负责人应对原工作班人员总数划一横线，在旁边写上变更后的现工作班人员总数，再盖章或签名。

3. 抢修任务栏的填写

（1）本栏由抢修任务布置人或抢修工作负责人填写。

（2）抢修任务应包括变配电站或发电厂名称、工作地点、抢修范围和抢修内容等。

（3）事故应急抢修单许可后，在原事故应急抢修单的安全措施范围内增加抢修任务时，应由抢修工作负责人征得抢修任务布置人和工作许可人的同意，并在事故应急抢修单上增填工作项目。若需变更或增设安全措施者应填用新的事故应急抢修单，并重新履行签发许可手续。

4. 安全措施栏的填写

（1）本栏由抢修任务布置人或抢修工作负责人填写。

（2）抢修工作中的安全措施，主要包括：

1）应拉开关、闸刀，应断开的二次回路、熔丝、断电保护等。

2）应装接地线、接地小车、应合接地闸刀等。

3）防止误碰、误动的安全措施。

4）防止误震的安全措施。

5）防止高处坠落、物体打击、机械伤害、起重伤害、火灾等的安全措施。

6）已悬挂的标示牌、装设的遮栏等。

7）必要时可绘图说明：绘图可用电系结线图、平面布置图或剖面示意图等，应能真实、清晰、有效的反映工作地点（仓位）内的实际结线方式、设备布置及分合状态等情况；反映工作地点相邻的有电设备。绘图中的停电部分用黑色或蓝色表示，有电部分用红色表示。绘图中的仓位应标明双重名称。

8）其他需要说明的安全措施。

5. 抢修地点保留带电部分或注意事项栏的填写

（1）本栏由抢修任务布置人或抢修工作负责人填写。

（2）根据工作现场周围有电设备的实际布置、特殊结线等情况，详细说明邻近有电部位并提出工作中的安全注意事项。

（3）填写时使用红色字体。

6. 抢修任务布置人及抢修工作负责人签名栏的填写

（1）本栏由抢修任务布置人和抢修工作负责人填写。

（2）当事故应急抢修单由抢修任务布置人当面办理时，抢修任务布置人应在（1）栏内签名并填写签发日期。抢修工作负责人对 1 至 5 项内容确认无疑后，在（2）栏内用斜线"/"在抢修任务布置人姓名处表示，签名并填写日期。

当抢修任务布置人无法当面办理时，抢修工作负责人在征得抢修任务布置人同意后，在（1）栏内用斜线"/"在抢修任务布置人姓名处表示，在（2）栏内填写抢修任务布置人姓名、签名并填写日期。

7. 经现场勘察需补充下列安全措施栏的填写

（1）本栏由抢修工作负责人和工作许可人填写。

（2）抢修工作负责人和工作许可人查看现场作业条件和作业环境后认为需要补充安全措施的，应提出补充说明，并由工作许可人在许可前完成。经双方确认布置完成后，分别签名。

（3）若现场无需再补充安全措施的，应在本栏内注明"无"，并经双方确认后分别签名。

（4）由工作班组负责布置的补充安全措施，工作负责人应在现场站班会上指定专人，并在开工前布置完成。

8. 无人值班变电站现场工作许可人与当值调度（或集控站、中心站）联系栏的填写

（1）本栏由工作许可人填写。

（2）无人值班变电站现场，工作许可人在向抢修工作负责人许可工作前，应先向检修设备所辖的调度或集控站（中心站）联系，告知抢修工作即将开始，并得到当值调度员或集控站（中心站）人员对设备检修状态的确认。

（3）无人值班变电站现场，工作许可人在与抢修工作负责人办理抢修工作结束手续后，应再向检修设备所辖的调度或者集控站（中心站）汇报抢修工作所修项目、试验结果、存在问题、临时遮栏已拆除、标示牌已取下、已恢复常设遮栏、未拆除的接地线、未拉开的接地闸刀等情况。

9. 许可开始抢修时间栏的填写

（1）本栏由工作许可人和抢修工作负责人填写。

（2）工作许可人会同抢修工作负责人，对本事故应急抢修单上所列内容已确认无疑，到现场检查所做的安全措施已执行完毕，安全注意事项已交待清楚后，由工作许可人填写许可开始工作时间，和抢修工作负责人分别签名。

10. 交任务、交安全确认栏的填写

（1）本小栏由抢修班人员填写。

（2）开始抢修工作前，抢修工作负责人应向抢修班成员（包括新增、缺勤后首次参与抢修的抢修班成员）交待工作内容、人员分工、带电部位和现场安全措施等，进行危险点告知。抢修班成员对抢修工作负责人布置的本施工项目安全措施已明白无误，所有安全措施已能确保抢修班成员的工作安全后，履行签名确认手续。所有抢修班成员均应各自签名，不得他人代签。

11. 抢修工作结束栏的填写

（1）本栏由抢修工作负责人和工作许可人填写。

（2）全部抢修工作完毕后，抢修班应整理材料工具、清扫现场、设备及安全措施恢复至开工前状态。抢修工作负责人应先周密地检查，待全体工作人员撤离工作地点后，再向工作许可人交待所修项目、发现的问题、试验结果和存在问题等，并与工作许可人

共同检查设备状况、状态，有无遗留物件，是否清洁等，然后在事故应急抢修单上填明抢修工作结束的日期和时间，并和工作许可人分别签名确认。

12. 抢修单终结栏的填写

（1）本栏由工作许可人填写。

（2）工作许可人根据事故应急抢修单上所列的工作任务以及全部安全措施，核对现场临时遮栏已拆除，标示牌已取下，已恢复常设遮栏、标示牌和其他安全措施；核对现场接地线、接地闸刀、接地小车的使用情况。如装设接地线或合上接地闸刀（接地小车）的，应填写相关接地线编号和总组数、接地闸刀双重名称、接地小车编号、接地闸刀和接地小车总副（台）数；如未装设接地线或合上接地闸刀（接地小车）的，应在相关下划线上用斜线"/"表示，不得空缺。

（3）工作许可人将现场安全措施的恢复情况向当值调度员汇报。若接地线、接地刀闸（接地小车）将在恢复时由操作员拆除或拉开的，应将"已全部拆除或拉开"字样用横线划去；若接地线、接地闸刀（接地小车）已全部拆除或拉开的，应将"未拆除已汇报调度由操作员拆除"字样用横线划去；若未曾装设接地线或合上接地闸刀（接地小车）的，应将"未拆除已汇报调度由操作员拆除"字样和"已全部拆除或拉开"字样全部用横线划去。

（4）向当值调度员汇报完毕后，工作许可人应签名并填写汇报的日期和时间。

13. 抢修单执行完毕印鉴栏的填写

工作许可人在事故应急抢修单执行完毕后，在左侧大框内盖"已终结"章。

14. 抢修单检查栏的填写

（1）本栏由抢修任务布置人和相关检查人员填写。

（2）抢修任务布置人和相关检查人员应定期对每张已执行完毕的事故应急抢修单的票面、执行等情况进行检查。如发现问题的，应及时向有关人员指出，用横线划去"执行符合要求"字样，填写检查日期、有关人员姓名和检查人员姓名，并在抢修单执行完毕印鉴栏的右侧小框内盖"不合格"章；如符合要求的，应用横线划去"存在问题"字样，用斜线 "/"在有关人员姓名处表示，填写检查日期和检查人员姓名，并在抢修单执行完毕印鉴栏的右侧小框内盖"合格"章。